MIX
Papier aus verantwortungsvollen Quellen
Paper from responsible sources
FSC® C105338

Gudrun Stallinger

Nachhaltiger Wintertourismus im österreichischen Alpenraum

Entwicklungen, Trends und Zukunftsperspektiven

disserta Verlag

Stallinger, Gudrun: Nachhaltiger Wintertourismus im österreichischen Alpenraum: Entwicklungen, Trends und Zukunftsperspektiven, Hamburg, disserta Verlag, 2014

Buch-ISBN: 978-3-95425-406-4
PDF-eBook-ISBN: 978-3-95425-407-1
Druck/Herstellung: disserta Verlag, Hamburg, 2014

Bibliografische Information der Deutschen Nationalbibliothek:
Die Deutsche Nationalbibliothek verzeichnet diese Publikation in der Deutschen Nationalbibliografie; detaillierte bibliografische Daten sind im Internet über http://dnb.d-nb.de abrufbar.

Das Werk einschließlich aller seiner Teile ist urheberrechtlich geschützt. Jede Verwertung außerhalb der Grenzen des Urheberrechtsgesetzes ist ohne Zustimmung des Verlages unzulässig und strafbar. Dies gilt insbesondere für Vervielfältigungen, Übersetzungen, Mikroverfilmungen und die Einspeicherung und Bearbeitung in elektronischen Systemen.

Die Wiedergabe von Gebrauchsnamen, Handelsnamen, Warenbezeichnungen usw. in diesem Werk berechtigt auch ohne besondere Kennzeichnung nicht zu der Annahme, dass solche Namen im Sinne der Warenzeichen- und Markenschutz-Gesetzgebung als frei zu betrachten wären und daher von jedermann benutzt werden dürften.

Die Informationen in diesem Werk wurden mit Sorgfalt erarbeitet. Dennoch können Fehler nicht vollständig ausgeschlossen werden und die Diplomica Verlag GmbH, die Autoren oder Übersetzer übernehmen keine juristische Verantwortung oder irgendeine Haftung für evtl. verbliebene fehlerhafte Angaben und deren Folgen.

Alle Rechte vorbehalten

© disserta Verlag, Imprint der Diplomica Verlag GmbH
Hermannstal 119k, 22119 Hamburg
http://www.disserta-verlag.de, Hamburg 2014
Printed in Germany

Inhaltsverzeichnis

1 Einleitung 1
2 Überblick über den Wintertourismus im österreichischen Alpenraum 3
   2.1 Der Begriff des Tourismus 4
   2.2 Das Phänomen des Massentourismus 5
   2.3 Historische Entwicklung des Wintertourismus in Österreich 7
   2.4 Statistische Daten 8
      2.4.1 Bevölkerung 8
      2.4.2 Nächtigungen 9
      2.4.3 Infrastruktur 11
      2.4.4 Wertschöpfung 13
   2.5 Aktuelle Trends im Tourismus 15
      2.5.1 Tages- und Kurzreisen 16
      2.5.2 Last-Minute-Buchungen 17
      2.5.3 Hoher Qualitätsanspruch 19
      2.5.4 Demografischer Wandel der TouristInnen 21
   2.6 Beitrag des Wintertourismus zum Klimawandel 23
      2.6.1 Beschneiungsanlagen 24
      2.6.2 Reiseverkehr 24
      2.6.3 Schipisten 26
      2.6.4 Unterkunft und Verpflegung 27
3 Klimaänderungen im europäischen Alpenraum und deren Konsequenzen für den Wintertourismus 29
   3.1 Grundlagen 29
   3.2 Bisherige Entwicklung der klimatischen Verhältnisse 30
      3.2.1 Temperatur 31
      3.2.2 Niederschläge 32
      3.2.3 Schnee 32
   3.3 Szenarien für die Zukunft 34
      3.3.1 Temperatur 34
      3.3.2 Niederschläge 35
      3.3.3 Schnee 36
      3.3.4 Gletscherschwund 36

3.4 Konsequenzen des Klimawandels für den Wintertourismus 37
   3.4.1 Verlust eines wichtigen Wirtschaftsfaktors 37
   3.4.2 Künstliche Beschneiung, Indoor-Schihallen 40
   3.4.3 Erhöhte Gefahr von Naturkatastrophen 42
   3.4.4 Neues Image für österreichischen Wintertourismus 47
   3.4.5 Konzentration auf höher gelegene Schigebiete 49
   3.4.6 Wechsel der UrlauberInnen in schneesichere Gebiete im Ausland 51

4 Anpassungsstrategien für den alpinen Wintertourismus im Sinne einer nachhaltigen Entwicklung 53
  4.1 Der Begriff der Nachhaltigkeit 53
  4.2 Nachhaltigkeit im Tourismus 53
   4.2.1 Strategien 55
   4.2.2 Bewertung von Nachhaltigkeit im Tourismus 56
  4.3 Sanfter Tourismus als Umsetzungsstrategie der Nachhaltigkeit 59
   4.3.1 Der Begriff des „Sanften Tourismus" 59
   4.3.2 Der Begriff des „Ökotourismus" 60
  4.4 Exkurs: Alpenkonvention 60
  4.5 Handlungsfelder für Politik und NGOs 62
   4.5.1 Raumentwicklung 63
   4.5.2 Verkehrspolitik 67
   4.5.3 Regionale Netzwerke 70
   4.5.4 Reglementierungen für Beschneiungsanlagen 72
   4.5.5 Umweltverträglichkeitsprüfung für Schigebiete 73
   4.5.6 Umweltmanagementsysteme 75
   4.5.7 Umweltzeichen und –preise 77
  4.6 Handlungsfelder im alpinen Wintertourismus 79
   4.6.1 Sanfte Sportarten 81
   4.6.2 Wellness 83
   4.6.3 Event- / Kultur- / Städtetourismus 86
   4.6.4 Kompensation durch Sommertourismus 91
   4.6.5 Sanfte Mobilität 94
  4.7 Fallbeispiel für sanften Wintertourismus im österreichischen Alpenraum 97

5 Zusammenfassung 104
6 Kritischer Diskurs 105

7	Fazit	107
8	Literaturverzeichnis	110

Abbildungsverzeichnis

Abbildung 1: Ostalpen 3
Abbildung 2: Bevölkerungsverteilung nach Höhe des Hauptwohnortes 9
Abbildung 3: Nächtigungen 1978/79 bis 2004/05 10
Abbildung 4: Nationenmix Nächtigungen Winter 2005/06 11
Abbildung 5: Bettenauslastung 1997/98 und 2004/05 12
Abbildung 6: Durchschnittliche Aufenthaltsdauer 16
Abbildung 7: Themenkomplex Ausflugstourismus 17
Abbildung 8: Touristische Dienstleistungskette 19
Abbildung 9: Altersentwicklung in Österreich... 21
Abbildung 10: Modal-Split des An- und Abreiseverkehrs in der EU 25
Abbildung 11: Verkehrsverhalten der SchweizerInnen 25
Abbildung 12: Globaler Kohlenstoff-Kreislauf 27
Abbildung 13: Der natürliche Treibhauseffekt 29
Abbildung 14: Temperaturverlauf im Alpenraum 31
Abbildung 15: IPCC-Szenarien... 34
Abbildung 16: Regionale Beurteilung der Klimasensibilität...................................... 38
Abbildung 17: Permafrost-Temperaturen am Murtèl/Corvatsch............................... 44
Abbildung 18: Wintersaisonlänge der Seilbahnbezirke Österreichs 50
Abbildung 19: Elemente des nachhaltigen Tourismus... 54
Abbildung 20: Beispiel einer Bewertung des Bereichs Ökologie 57
Abbildung 21: SIA-Diagramm eines Reiseveranstalters 59
Abbildung 22: CO_2 – Vermeidungspotenziale bei Verlagerung von PKW zu Bahn/ÖPNV... 68
Abbildung 23: CO_2 – Vermeidungspotenziale bei Verlagerung von PKW zu Bus/ÖPNV... 68
Abbildung 24: Destinationskarte Österreich... 72
Abbildung 25: TUI Umwelt Netzwerk (TUN!) 76
Abbildung 26: Gästetypologie der Winterurlauber 85
Abbildung 27: Dimensionen eines erweiterten Kulturbegriffs................................... 87
Abbildung 28: Art von Sommerurlaub 92
Abbildung 29: Attraktivität sanft-mobiler Angebote am Urlaubsort bei deutschen Urlaubern 96

Abbildung 30: Mitgliedsgemeinden von „Alpine Pearls".. 100

Abbildung 31: Fahrgastzahlen Werfenweng-Shuttle 1999 – 2003........................ 101

Abbildung 32: Nächtigungen Bundesland Salzburg + Werfenweng 1999 – 2003... 102

Abbildung 33: Nächtigungen Werfenweng 1998 – 2003.. 102

Abbildung 34: Zukünftige Strategien für Werfenweng 103

Tabellenverzeichnis

Tabelle 1: Top-10-Gründe für Winterurlaub in Österreich... 47

Tabelle 2: Instrumente und Maßnahmen einer umweltverantwortlichen Verkehrspolitik 67

Tabelle 3: Art von Winterurlaub 81

Tabelle 4: Aktivitäten während des Winterurlaubs.. 81

Tabelle 5: Nachfragefelder im Gesundheitstourismus 84

Abkürzungsverzeichnis

BAFU	Bundesamt für Umwelt
BeNeLux	Belgien, Niederlande und Luxemburg
BfN	Bundesamt für Naturschutz
BIP	Bruttoinlandsprodukt
BMLFUW	Bundesministerium für Land- und Forstwirtschaft, Umwelt- und Wasserwirtschaft
BMVIT	Bundesministerium für Verkehr, Innovation und Technologie
BOKU	Universität für Bodenkultur
CDA	Compagnie des Alpes
CH	Schweiz
CH_4	Methan
CIPRA	Commission Internationale pour la Protection des Alpes
CO_2	Kohlenstoffdioxid
D	Deutschland
EMAS	Eco-Management and Audit Scheme
EU	Europäische Union
FCKW	Fluorchlorkohlenwasserstoffe
GPI	Genuine Progress Indicator
IPCC	Intergovernmental Panel on Climate Change
ISO	International Organisation for Standardization
KMU	Kleine und mittlere Unternehmen
LA 21	Lokale Agenda 21
MIV	Motorisierter Individualverkehr
MöSt	Mineralölsteuer
OECD	Organisation for Economic Co-operation and Development
OGM	Österreichische Gesellschaft für Marketing
ON	Österreichisches Normungsinstitut
OÖN	Oberösterreichische Nachrichten
ÖHV	Österreichische Hoteliervereinigung
ÖPNV	Öffentlicher Personen-Nahverkehr
ÖWAV	Österreichischer Wasser- und Abfallwirtschaftsverband
PKW	Personenkraftwagen

TMC	Tourismus Management Club
TQM	Total Quality Management
UVP	Umweltverträglichkeitsprüfung
VCÖ	Verkehrsclub Österreich
WWF	World Wildlife Fund
WSL	Eidgenössische Forschungsanstalt für Wald, Schnee und Landschaft

1 Einleitung

In der vorliegenden Studie zum Thema „Wintertourismus im österreichischen Alpenraum - Entwicklungen, Trends und Zukunftsperspektiven unter dem Aspekt der Nachhaltigkeit" werden die Klimaveränderungen sowie die daraus resultierenden zukünftigen Herausforderungen für die Tourismuswirtschaft in Österreich behandelt.

Gerade angesichts der Klimakapriolen in der abgelaufenen Wintersaison 2006/07 stellt sich die Frage, wie weit wir in die Natur eingreifen können oder besser gesagt dürfen. Prognosen prophezeien bereits in naher Zukunft in vielen Teilen Österreichs ein Ende des bisher praktizierten Wintertourismus aufgrund der globalen Erwärmung. Die fast ausschließlich künstliche Beschneiung von Schipisten – schmale Bänder inmitten von grünen Hängen – zur Aufrechterhaltung des Schibetriebs erscheint grotesk. Daher stellt sich die Frage, ob der Zweck alle Mittel heiligt oder ob auch der Tourismus in nächster Zeit zu einem Umdenken gezwungen sein wird.

Der Umweltaspekt im Wintertourismus betrifft vor allem die Beschneiungsanlagen sowie die Anreise zum Urlaubsort. Aber er umfasst auch die Schädigung der Vegetation und Tierwelt durch den Bau und die Instandhaltung von Skipisten. Daher wird untersucht, in welchem Ausmaß der Schitourismus in Österreich zum Klimawandel beiträgt. Das Bewusstsein für aktives Handeln zum Klimaschutz setzt sich in der Öffentlichkeit immer mehr durch. Auch ethische Grundprinzipien spielen dabei eine Rolle. Durch geeignete Maßnahmen soll es gelingen, umweltbewusstes Verhalten sowohl von Tourismusverantwortlichen als auch der TouristInnen selbst zu fördern.

Mithilfe dieser Arbeit sollen anhand der Berechnungen von KlimaforscherInnen die Veränderungen für den österreichischen Alpenraum und in der Folge die vorwiegend wirtschaftlichen Folgen für den Wintertourismus aufgezeigt werden. Das Ergebnis sollen Handlungsempfehlungen für einen nachhaltigen Tourismus in der Wintersaison im österreichischen Alpenraum sein. Die automatische Verbindung von Wintertourismus mit Schnee und Schifahren soll dabei zum Teil aufgelöst werden.

Das Finden von Synergien für die grundsätzlich sehr unterschiedlichen Zielsetzungen von Umweltschutz und Tourismus bedeutet sicherlich die größte Herausforderung für die EntscheidungsträgerInnen. Anhand eines Vorzeigeprojekts aus dem Bundesland Salzburg soll aufgezeigt werden, dass eine umweltgerechte Vermarktung der Schigebiete möglich und darüber hinaus auch noch wirtschaftlich rentabel ist.

2 Überblick über den Wintertourismus im österreichischen Alpenraum

Die österreichischen Gebirgszüge sind Teil der Ostalpen, deren Gebiet in einer Vereinbarung der Alpenvereine aus dem Jahr 1984 festgelegt wurde. Sie durchziehen ganz Österreich von Westen nach Osten (siehe Abbildung 1). Der Wintertourismus hat seinen Schwerpunkt in den westlichen Bundesländern (Vorarlberg, Tirol, Salzburg) sowie in Teilen Kärntens und der Steiermark. Daneben verfügen auch Ober- und Niederösterreich über Wintersportgebiete.

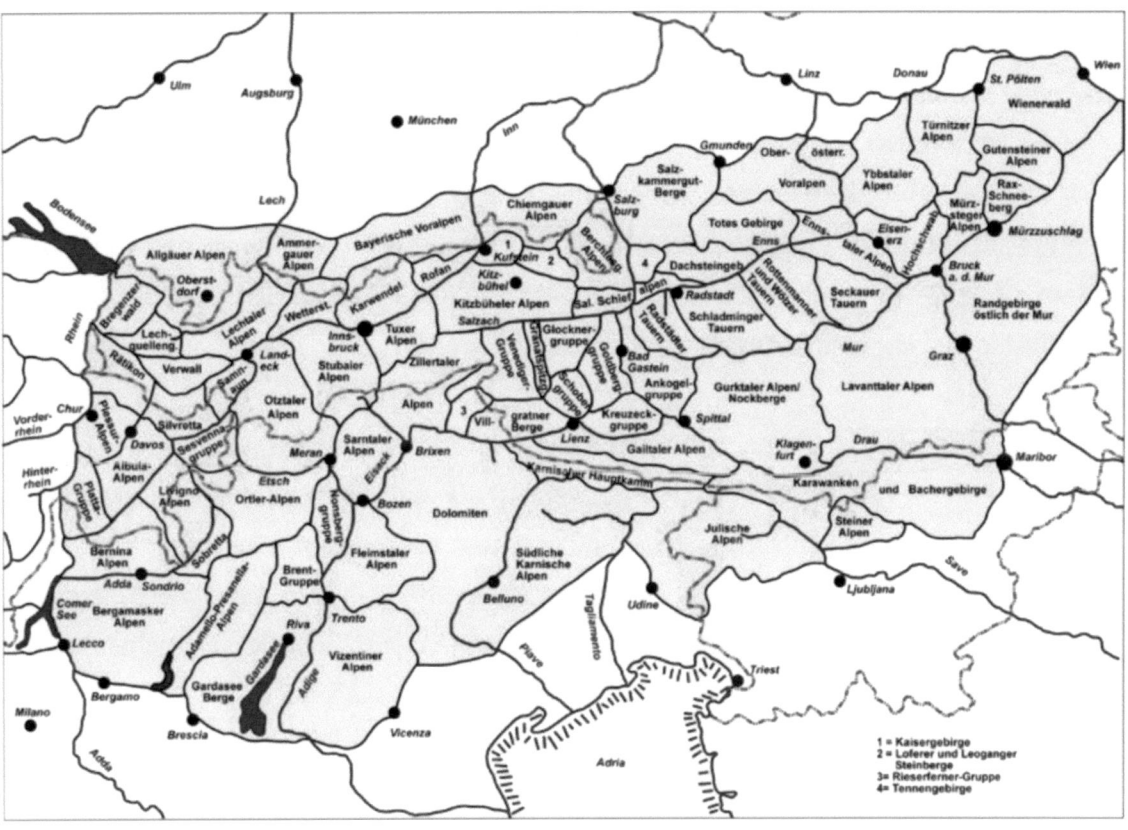

Abbildung 1: Ostalpen
(http://www.bergalbum.de/uebersichtskarte_ostalpen.htm, Zugriff am 25.04.2007)

Österreich ist mit einem Marktanteil von 70 % Europas führendes Wintersportland. Im Winter ist Schifahren nach wie vor Lieblingssport der ÖsterreicherInnen.[1]

---

[1] Vgl. http://www.bmwa.gv.at/BMWA/Presse/Archiv2001/5E99D075D98A0BA841256B170049FE75.htm, Zugriff am 14.05.2007.

2,5 Mio. EinwohnerInnen, das sind 30 % der Bevölkerung, betreiben in unserem Land aktiv Schisport.[2]

2.1 *Der Begriff des Tourismus*

In Österreich wird neben dem international gebräuchlichen Begriff Tourismus auch der Ausdruck Fremdenverkehr noch öfters verwendet. In der Literatur existieren unzählige Erklärungen für Tourismus. Claude Kasper definiert ihn als „Gesamtheit der Beziehungen und Erscheinungen, die sich aus der Reise und dem Aufenthalt von Personen ergeben, für die der Aufenthaltsort weder hauptsächlicher und dauernder Wohn- noch Arbeitsort ist". Die World Tourism Organisation wiederum versteht darunter "Aktivitäten von Personen, die an Orte außerhalb ihrer gewohnten Umgebung reisen und sich dort zu Freizeit-, Geschäfts- oder bestimmten anderen Zwecken nicht länger als ein Jahr ohne Unterbrechung aufhalten. Außerdem muss gewährleistet sein, dass deren hauptsächlicher Reisezweck ein anderer ist, als die Ausübung einer Tätigkeit, die von dem besuchten Ort aus entgolten wird".[3]

Grundsätzlich wird der Tourismus nach der zugrunde liegenden **Motivation** (Erholungs-, Kultur-, Geschäfts- oder Sporttourismus) als auch nach **externen Merkmalen** (Auslands-, Städte-, Senioren-, Massentourismus) segmentiert.[4] Inhaltlich kann der Tourismus als eine Kette von Dienstleistungen mit den 3 Hauptschwerpunkten Transport, Unterkunft und sonstige Dienstleistungen (z.B. Verpflegung) charakterisiert werden. Die Bedeutung des Tourismus als Wirtschaftsfaktor ist beachtlich - zwischen 4 und 11 % des Bruttoinlandsproduktes der EU werden in diesem Sektor erwirtschaftet. Ein ebenso hoher Prozentsatz der EinwohnerInnen ist im Tourismus tätig.[5]

---

[2] Vgl. http://www.extradienst.at/jaos/page/main_archiv_content.tmpl?ausgabe_id=76&article_id=14154, Zugriff am 14.05.2007.
[3] Vgl. http://www.eucc-d.de/plugins/ikzmdviewer/inhalt.php?page=49,1494, Zugriff am 07.05.2007.
[4] Vgl. Iwersen-Sioltsidis/Iwersen 1997, S. 12.
[5] Vgl. Uherek 2006, Accent Magazin Nr. 9 Juli 2006, o.S.

2.2 Das Phänomen des Massentourismus

Der Massentourismus in den österreichischen Alpen begann erst relativ spät, dafür entwickelte er sich dann in einer ungeahnten Geschwindigkeit. Nach dem Ende des 2. Weltkriegs gewannen die Alpen als Naherholungsgebiet für die europäischen Städte an Bedeutung. Der Aufschwung des Wintertourismus führte zu einem Strukturwandel in den Gebirgsregionen und wurde zu einem der wichtigsten Wirtschaftsträger. Am Beispiel vom Wintersportort Saalbach im Salzburger Pinzgau lässt sich dies anschaulich belegen. Zu Beginn des 20. Jahrhunderts war es noch ein abgeschiedenes Dorf jenseits aller Verkehrsanbindungen. 1981 überstiegen die Nächtigungszahlen bereits jene des gesamten Bundeslandes Salzburg aus dem Jahr 1929/30, dem ertragreichsten der gesamten Zwischenkriegszeit. 1995 kamen auf die 3.000 BewohnerInnen des Ortes 2 Mio. Übernachtungen. Damit nahm Saalbach den 2. Platz hinter Wien in der österreichischen Tourismusstatistik ein.[6]

Die Darstellung des Massentourismus als eigene Industrie ist nicht abwegig. Das normierte Anbieten von Ferien als Serienprodukt ist ein Phänomen dieser Industrialisierung, aber auch ein Ergebnis der gesellschaftlichen Entwicklung. Bezüglich der Umweltauswirkungen kann im Gegenzug behauptet werden, dass eine große Ferienanlage pro Kopf weniger Abfälle und Emissionen produziert als alleinreisende IndividualtouristInnen. Außerdem verursacht der Drang dieser Alternativreisenden zur Entdeckung von unberührten Gebieten bei weitem mehr Eingriffe in die Natur. In der Folge lösen diese meist, wenn auch ungewollt, den Massentourismus erst aus.[7]

Eine aktuelle Studie am Beispiel Mallorca zeigt, dass dort seit der Abkehr vom Massen- hin zum Qualitätstourismus die Umwelt wesentlich stärker geschädigt wurde. Für die Untersuchung wurden die beiden Indikatoren Landschafts- und Wasserverbrauch herangezogen. Hauptverantwortlich für diese negative Entwicklung sind die Förderung von Zweitwohnsitzen, der Bau von Golfplätzen und Yachthäfen. Dadurch wurden naturbelassene Ökosysteme verbaut und versiegelt. Weiters benötigt ein durchschnittlicher Golfplatz täglich die gleiche Wassermenge wie ein Ort mit

---

[6] Vgl. Hoffmann 2002, S. 79 f.
[7] Vgl. Müller 2003, S. 83 f.

ca. 8.000 EinwohnerInnen.[8] Dies ist ein Beispiel dafür, wie trotz guter Absichten seitens der Verantwortlichen das Gegenteil bewirkt wurde.

Der Alpenraum wird voraussichtlich auch in Zukunft für Massenprodukte bzw. Leistungen genutzt werden. Durch die Zusammenschlüsse von Schigebieten bilden sich immer größere Tourismusregionen heraus. Vor allem amerikanische Seilbahnunternehmen werden versuchen, alpine Schigebiete aufzukaufen. Mithilfe neuer Transport-, Informations- und Kommunikationsmittel bietet sich eine große Bandbreite an Möglichkeiten zur Diversifizierung an. Für eine größtmögliche Ausschöpfung der Kapazitäten wird auch der Stellenwert des Sommertourismus immer wichtiger.[9]

In diesem Zusammenhang stechen insbesondere die Aktivitäten des französischen Konzerns CDA ins Auge. Dieser erreichte durch den Aufkauf von Bergbahnen und der anschließenden Zusammenlegung von Schigebieten mittlerweile einen Marktanteil von über 50 % in Frankreich. CDA investiert prinzipiell nur in rentable, d.h. hochgelegene Schiregionen mit garantierter Schneesicherheit.[10] Die Gesellschaft drängt überdies verstärkt ins benachbarte Ausland. Mittlerweile verfügt sie über Beteiligungen an Seilbahnunternehmen in Italien und der Schweiz. Auch in Deutschland und Österreich wurde bereits an einigen Schigebieten Interesse signalisiert.[11]

Im Jahr 2002 gab es Gerüchte um einen Einstieg bei den Gletscherbahnen Kaprun, wo 40 % der Anteile zum Verkauf standen. Dieses Vorhaben wurde durch die Verhandlungen nach dem Unglücksfall am Kitzsteinhorn vorläufig vertagt, könnte aber jetzt neu aufgerollt werden. Der amerikanische Marktführer Intrawest hält einen Anteil von 20 % an CDA, um sich durch dessen Expansionen ein eigenes Standbein am europäischen Markt zu verschaffen.[12]

---

[8] Vgl. Ritzinger, OÖN, 13.10.2007, Reiselust S. 3.
[9] Vgl. Wöhler 2002, S. 276 f.
[10] Vgl. http://db.swr.de/upload/manuskriptdienst/wissen/wi20051108_3402.rtf, Zugriff am 21.08.2007.
[11] Vgl. http://www.seilbahn.net/index.htm?aktuell/skiverbuende.htm, Zugriff am 21.08.2007.
[12] Vgl. Bayer, Salzburger Nachrichten, 03.10.2005, o.S.

2.3 Historische Entwicklung des Wintertourismus in Österreich

Zu **Beginn der 30er Jahre** des 20. Jahrhunderts galt das Schifahren noch als eine Sportart, welche nur der ausgewählten Oberschicht vorbehalten war. Durch die Abhaltung von Weltcuprennen in Kitzbühel und St. Anton/Arlberg sowie der Weltmeisterschaft 1933 in Innsbruck gewann der Schilauf an Popularität. Der Monumentalfilm „Der weiße Rausch" aus dem Jahr 1932 löste in der Folge endgültig einen Boom der Alpen aus. Mit dem Bau von 12 Gondelbahnen zwischen 1926 und 1937, unter anderem auf die Schmittenhöhe in Zell am See sowie auf den Hahnenkamm in Kitzbühel, begann der Aufstieg des Wintersports in Österreich.[13]

Nach dem 2. Weltkrieg legte die Ausländer-Hotelaktion im Winter 1947/48 den Grundstein für den internationalen Fremdenverkehr in Österreich. Diese Aktion bedeutete den Wiederbeginn des Tourismus und überstieg bereits 1950 die Zahlen der Zwischenkriegszeit. Die Aufnahme der Tourismuswirtschaft in den Marshallplan im Jahr 1949 spielte in diesem Zusammenhang eine entscheidende Rolle. Mit dessen Unterstützung wurde im Speziellen der Wintertourismus mittels Ausbau von Straßen und die Abhaltung von Schirennen gefördert. Die Erschließung von Schigebieten wurde durch den Bau von Seilbahnanlagen vorangetrieben.[14]

Während der **60er und 70er** Jahre profitierte insbesondere der Wintertourismus von der fortschreitenden Motorisierung der UrlauberInnen. 1960 kamen bereits 84 % aller TouristInnen mit dem eigenen Fahrzeug nach Österreich.[15] Das Schifahren hatte sich vom elitären Vergnügen zum Breitensport der Massen entwickelt. Schischulen, Schulschikurse, Sportgroßveranstaltungen und Schistars trugen ihren Teil dazu bei. Der Wintertourismus erlebte einen enormen Aufschwung. Selbst der Ölpreisschock Anfang der 70er Jahre hatte keine negativen Auswirkungen, dessen ungeachtet stiegen die Nächtigungszahlen in der Wintersaison bis 1982 kontinuierlich.[16]

Die unerwartete Trendumkehr ab dem Jahr **1983** dauerte bis **Mitte der 90er Jahre**. Das zunehmende Umweltbewusstsein der Öffentlichkeit und die gestiegenen Quali-

---
[13] Vgl. Luger/Rest 2002, S. 13.
[14] Vgl. Bachleitner 2000, S. 18 ff.
[15] Vgl. Luger/Rest 2002, S. 19.
[16] Vgl. Bachleitner 2000, S. 21.

tätsansprüche der UrlauberInnen waren Hauptgründe für diese Abwärtsentwicklung. Die daraufhin durchgeführten Investitionen in den Umweltschutz und in die Qualität der Infrastruktur begannen schließlich **Ende der 90er Jahre** zu greifen. Erstmals wurden wieder steigende Umsätze verzeichnet.[17] Zwischen 1995 und 2005 stieg die Zahl der Nächtigungen in der Wintersaison um 31 %. Die höchsten Zuwächse konnten die traditionellen Hochburgen für den Wintersport, die Bundesländer Tirol und Salzburg, verbuchen.[18] Diese Entwicklung ist auch in der österreichischen Nächtigungsstatistik (siehe Abbildung 3) deutlich abzulesen.

2.4 *Statistische Daten*
2.4.1 Bevölkerung

Die nachstehende Abbildung 2 zeigt die Verteilung der Gesamtbevölkerung Österreichs bezogen auf die Höhe des Hauptwohnortes. Die Anzahl der EinwohnerInnen pro Bezirk wird durch die Größe der Kreise repräsentiert. Der Wintertourismus findet naturgemäß in höheren Lagen (grüne und blaue Farbe) statt. Ausgehend von dieser Darstellung kann festgestellt werden, dass die wichtigsten Wintersportregionen in Bezirken mit geringer Bevölkerungsdichte und hohem Flächenanteil liegen.[19] Basierend auf den Daten der Statistik Austria lebten im Jahr 2005 von insgesamt 8,2 Mio. EinwohnerInnen rund 40 % in den Alpenregionen (Tirol, Vorarlberg, Salzburg, Steiermark, Kärnten).

---

[17] Vgl. Bachleitner 2000, S. 22 ff.
[18] Vgl. http://www.austriatourism.com/scms/media.php/8998/Entwicklungen%20im%20 Wintertourismus%201995-2005.pdf, Zugriff am 21.08.2007.
[19] Vgl. Breiling 1997, S. 54.

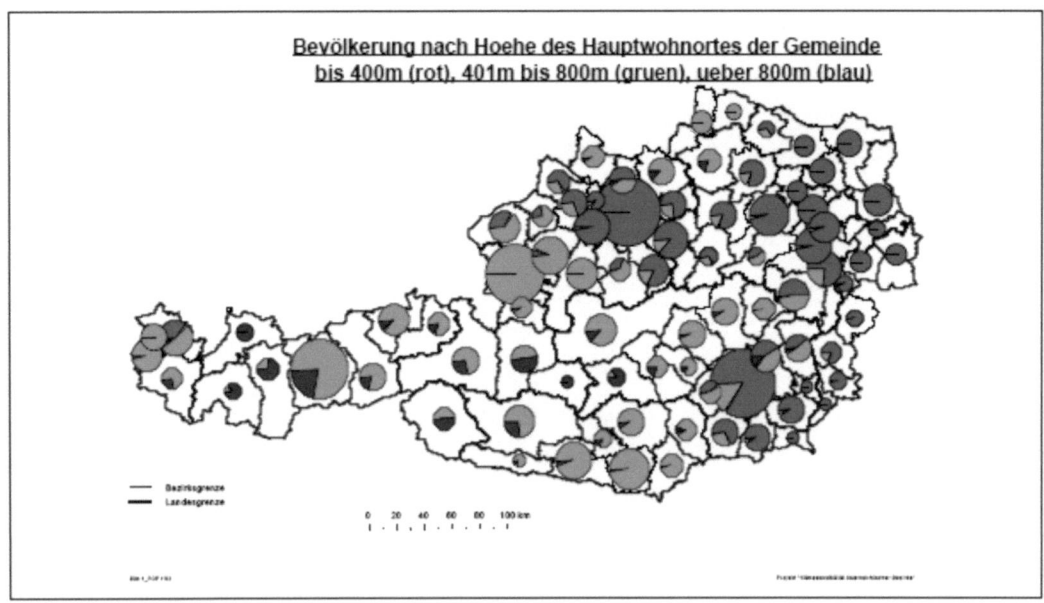

Abbildung 2: Bevölkerungsverteilung nach Höhe des Hauptwohnortes
(Breiling 1997, S. 54)

Im Vergleich dazu leben 58 % der gesamteuropäischen Alpenbevölkerung auf 22 % der Alpenfläche. Der Großteil hat seinen/ihren Wohnsitz in den größeren Städten, welche am Alpenrand liegen. In diesen Städten konzentrieren sich 66 % der gesamten Arbeitsplätze im europäischen Alpenraum.[20]

2.4.2 Nächtigungen

Die Nächtigungszahlen sind einer der wichtigsten Indikatoren um die Entwicklung des Tourismus abzubilden. Im Kalenderjahr 2005 waren laut Statistik Austria insgesamt 119 Mio. Übernachtungen gemeldet worden. In diesem Jahr kam es erstmals zu einem Gleichstand der Nächtigungszahlen in beiden Saisonen. In der folgenden Abbildung 3 ist die Entwicklung der Nächtigungen zwischen 1978/79 und 2004/05 dargestellt. Dabei zeigt sich, dass seither die Übernachtungen in der Sommersaison kontinuierlich zurückgehen, währenddessen jene der Wintersaison im gleichen Ausmaß ansteigen.[21] Dieser Trend setzte sich auch im Kalenderjahr 2006 fort.[22]

---

[20] Vgl. Luger/Rest 2002, S. 31.
[21] Vgl. Statistik Austria 2007, S. 407.
[22] Vgl. http://www.statistik.at/fachbereich_tourismus/txt.shtml, Zugriff am 19.04.2007.

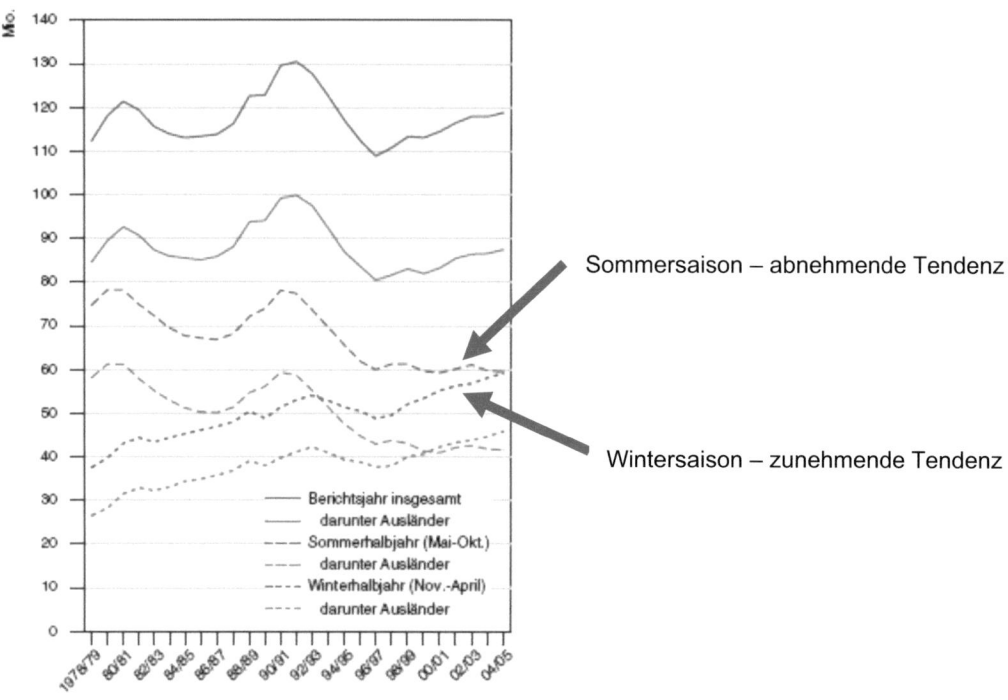

Abbildung 3: Nächtigungen 1978/79 bis 2004/05
(Statistik Austria 2007, S. 407)

Die Aufstellung mit den nächtigungsstärksten Gemeinden in der Wintersaison 2005/06 enthält an 1. Stelle Wien, auf den Plätzen 2 und 3 folgen bereits die bekannten Wintersportorte Sölden und Saalbach-Hinterglemm. Unter den Plätzen 1 – 10 finden sich nicht weniger als 9 Wintersportorte (u.a. Ischgl, St. Anton/Arlberg, Obertauern).[23] In der Aufstellung für das gesamte Kalenderjahr 2005 befinden sich ebenfalls 9 Wintersportorte unter den ersten 10 Orten.[24] Ein klares Indiz für das wirtschaftlich hohe Potential des Wintertourismus in Österreich.

Bei einer Aufteilung der Nächtigungszahlen nach der jeweiligen Nationalität zeigt sich, dass nach wie vor die Mehrheit der WinterurlauberInnen in Österreich aus Deutschland kommt (42,9 %). Aber auch die Einheimischen stellen eine wichtige Zielgruppe (22,8 %) dar, gefolgt von den NiederländerInnen (9,0 %). Weitere Nationen sind in der nachstehenden Abbildung 4 angeführt[25]:

---

[23] Vgl. http://www.austriatourism.com/scms/media.php/8998/Ortereihung%20Winter%202005-06.pdf, Zugriff am 30.04.2007.
[24] Vgl. Statistik Austria 2007, S. 411.
[25] Vgl. http://www.austriatourism.com/scms/media.php/8998/Nationenmix%20Winter%202005 _2006.pdf, S. 1, Zugriff am 30.04.2007

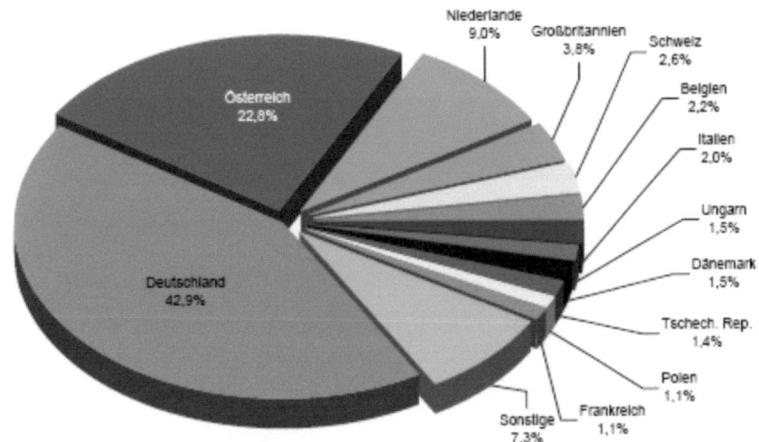

Abbildung 4: Nationenmix Nächtigungen Winter 2005/06
(www.austriatourism.com/scms/media.php/8998/Nationenmix%20Winter%202005_2006.pdf, S. 1, Zugriff am 30.04.2007)

Die Marktentwicklung des Wintertourismus in Österreich verlief in den letzten 10 Jahren sehr unterschiedlich. Alle Bundesländer konnten jedoch ihre Übernachtungszahlen steigern, vor allem Wien und Burgenland.[26] Außergewöhnlich sind die Marktanteile von Tirol (ca. 43 %) und Salzburg (ca. 23 %). Diese beiden Bundesländer teilen sich somit zwei Drittel des Gesamtmarktes an in- und ausländischen Nächtigungen. An nächster Stelle liegen Vorarlberg und Steiermark mit jeweils ca. 8 %. Die restlichen 20 % verteilen sich relativ gleichmäßig auf die übrigen Bundesländer. Eindeutiges Schlusslicht ist das Burgenland mit einem Marktanteil von lediglich 1 %.[27]

2.4.3 Infrastruktur

2.4.3.1 Beherbergungsbetriebe

In der Wintersaison 2005/06 standen insgesamt ca. 971.000 Betten in den Beherbergungsbetrieben zur Verfügung. Die Bettenauslastung ergab in dieser Saison durchschnittlich 33,7 %, jene in der Sommersaison 2006 hingegen nur 28,9 %.[28] Seit 1999 übersteigt die Bettenauslastung in der Wintersaison jene der Sommersaison.[29] Dies geht konform mit der zuvor genannten Entwicklung der Nächtigungszahlen. Bei Betrachtung der Bettenauslastung nach den einzelnen Kategorien zeichnet sich der

---

[26] Vgl. Laimer/Weiß 2006, S. 10.
[27] Vgl. http://www.bmwa.gv.at/NR/rdonlyres/789AB842-0E39-409F-91B6-53771422837C/24632/TourismusanalyseTabellen.pdf, Zugriff am 27.02.2007.
[28] Vgl. http://www.statistik.at/fachbereich_tourismus/txt.shtml, Zugriff am 19.04.2007.
[29] Vgl. Laimer/Weiß 2006, S. 3.

Trend zu höherer Qualität deutlich ab (siehe Abbildung 5). Die Auslastung der 5-/4-Sterne-Hotels betrug in der Wintersaison 2004/05 ca. 50 %, jene der 3-Sterne-Hotels ca. 35 %.[30]

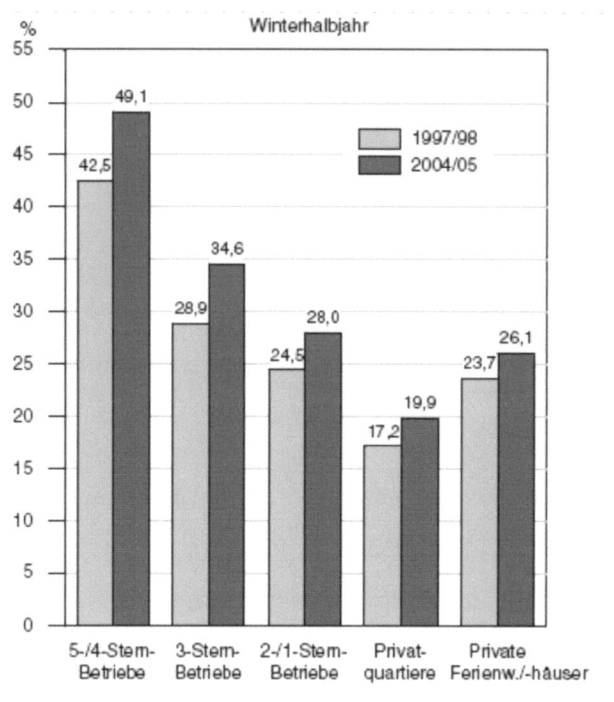

Abbildung 5: Bettenauslastung 1997/98 und 2004/05
(Statistik Austria 2007, S. 408)

Auch in der Wintersaison 2005/06 setzte sich diese Tendenz fort. Die gehobenen Hotels konnten weitere Zuwächse verzeichnen, währenddessen insbesondere die Privatquartiere sowie die privaten Ferienwohnungen und –häuser in der Folge weiter rückläufige Übernachtungszahlen verschmerzen mussten.[31]

2.4.3.2 Seilbahnanlagen

Im Jahr 2006 waren insgesamt 3.011 Seilbahnanlagen im Betrieb. Diese Zahl umfasst sämtliche Schlepplifte, Sessel- und Gondelanlagen. Mit diesen Anlagen wurden 630 Mio. Personen befördert, davon 602 Mio. Personen in der Wintersaison.[32] Das Hauptgewicht der Einnahmen liegt demnach in den Wintermonaten. Daher stehen die Seilbahnunternehmen enorm unter Druck, in dieser relativ kurzen Zeit alle Kosten

---

[30] Vgl. Statistik Austria 2007, S. 408.
[31] Vgl. http://www.statistik.at/fachbereich_tourismus/txt.shtml, Zugriff am 19.04.2007.
[32] Vgl. http://www.seilbahnen.at/presse/basisinformationen/files/0705-factsheet.pdf, Zugriff am 24.04.2007.

abzudecken und Gewinne zu erwirtschaften.[33] Die Anzahl der Beförderungen nimmt seit Jahren stetig zu, die Anzahl der Anlagen ist dagegen rückläufig – 1992 waren noch 3.415 Aufstiegshilfen in Betrieb.[34] Dies ist auf die Einstellung von Schleppliften zugunsten des zunehmenden Einsatzes von Sessel- und Gondelanlagen mit einer weitaus höheren Beförderungskapazität zurückzuführen.

271 Seilbahnunternehmen wurden im Jahr 2004/05 registriert, der größte Anteil befindet sich naturgemäß in Tirol (35 %) gefolgt von Salzburg (21 %). Dahinter rangieren Vorarlberg (14 %), Steiermark (12 %) und Kärnten (9 %). In Ober- und Niederösterreich sind aufgrund des geringen Alpenanteils nur jeweils 5 % der Unternehmen ansässig.[35] Weiters wurden 50 Mio. Skierdays im Jahr 2006 verzeichnet.[36] Dieser international gebräuchliche Ausdruck bezeichnet die Anzahl der gesamten Tageseintritte aller Schigebiete einer Region.[37] Auch in diesem Zusammenhang ist Tirol Spitzenreiter mit 46 % aller Skierdays, Salzburg hat einen Anteil von 26 %. Folglich erhalten beide Bundesländer gemeinsam knapp 3/4 aller Schipass-Einnahmen.[38]

2.4.4 Wertschöpfung

Der gesamte Beitrag des Tourismus zum BIP lässt sich nicht genau feststellen. Einerseits werden in den Statistiken vorwiegend die Daten der Ankünfte und Nächtigungen sowie die Anzahl der Betten ausgewiesen. Daraus kann nur sehr schwer die wirtschaftliche Bedeutung abgelesen werden. Andererseits profitieren nicht nur Beherbergungsbetriebe und Seilbahnen, sondern auch zahlreiche andere Branchen vom Fremdenverkehr. Es lässt sich aber nicht feststellen, wie viele Einkäufe in einem Supermarkt eines Urlaubsorts tatsächlich von den TouristInnen getätigt werden.[39] Durch die Schaffung eines eigenen Satellitenkontos für den Tourismus im Jahr 2001 wurde ein Weg gefunden, diese Fakten ansatzweise abzubilden. Dabei wird zusätzlich zur direkten (z.B. Übernachtung) auch noch eine indirekte Wertschöpfung er-

---

[33] Vgl. http://www.seilbahnen.at/presse/wirtschaftsdaten/files/2004_05-bericht-seilbahnen.pdf, S. 23, Zugriff am 02.07.2007.
[34] Vgl. Breiling 1997, S. 80.
[35] Vgl. http://www.seilbahnen.at/presse/wirtschaftsdaten/files/2004_05-bericht-seilbahnen.pdf, S. 6, Zugriff am 02.07.2007.
[36] Vgl. http://www.seilbahnen.at/presse/basisinformationen/files/0705-factsheet.pdf, Zugriff am 24.04.2007.
[37] Vgl. http://bergbahnen.zermatt.ch/download/pdf/g-bericht-3.pdf, S. 6, Zugriff am 02.07.2007.
[38] Vgl. http://www.seilbahnen.at/presse/wirtschaftsdaten/files/2004_05-bericht-seilbahnen.pdf, S. 23, Zugriff am 02.07.2007.
[39] Vgl. Tschurtschenthaler 2000, S. 61.

rechnet, die alle Ausgaben der TouristInnen während ihres Aufenthalts berücksichtigt (z.B. Restaurantbesuche, Lebensmitteleinkäufe, etc.).[40]

Die **direkte Wertschöpfung** des Tourismus betrug im Jahr 2005 15,87 Mrd. €, dies entspricht einem Anteil von 6,5 % am BIP. Unter Einbeziehung *der **indirekten Wertschöpfungseffekte*** ergibt sich eine Summe von 21,56 Mrd. €, d.h. der gesamte Beitrag zum BIP beträgt 8,8 %. Zur Abbildung der gesamten volkswirtschaftlichen Bedeutung von Österreichs Tourismus- und Freizeitwirtschaft sollte darüber hinaus der nicht-touristische Freizeitkonsum der ÖsterreicherInnen am Wohnort, d.h. die zuvor bereits angesprochenen Einkäufe, berücksichtigt werden. Für diese Ausgaben müssen zusätzlich 18,96 Mrd. € verbucht werden (7,7 % des BIP). Somit entfallen auf die österreichische Tourismus- und Freizeitwirtschaft 40,53 Mrd. € (16,5 % des BIP) - ein bedeutender Beitrag zur Gesamtwirtschaft.[41]

Die Tourismusregionen in den österreichischen Alpen erwirtschaften ca. 3/4 der gesamten Umsätze des Tourismus in Österreich. Obgleich nahezu jedes Bundesland zumindest einen kleinen Anteil an den Alpen besitzt, gehören die Bundesländer Tirol, Vorarlberg und Salzburg zu den wichtigsten Destinationen. Allein auf diese 3 Länder entfallen ca. 2/3 der Umsätze.[42] Die Tagesausgaben der UrlauberInnen betrugen beispielsweise in der Wintersaison 2004/05 128 € pro Tag (inklusive Anreise), in der Sommersaison 2006 lediglich 97 €.[43] Daher ist in diesen Bundesländern der Stellenwert des Tourismus, insbesondere des Wintertourismus, ungemein höher als in den anderen. Der Wertschöpfungsanteil des Tourismus beträgt etwa in Tirol nahezu 1/4 des gesamten Landesregionalproduktes.[44]

---

[40] Vgl. http://www.statistik.at/fachbereich_tourismus/tab2.shtml, Zugriff am 19.04.2007.
[41] Vgl. http://www.statistik.at/fachbereich_tourismus/tsa.shtml, Zugriff am 19.04.2007.
[42] Vgl. Smeral 2000, S. 50 f.
[43] Vgl. http://www.austriatourism.com/scms/media.php/8998/Fact%20Sheet%202006.pdf, Zugriff am 02.07.2007.
[44] Vgl. Smeral 2000, S. 50 f.

2.5 Aktuelle Trends im Tourismus

Die geänderten Werte und Rahmenbedingungen der heutigen Gesellschaft haben auch Auswirkungen auf das Urlaubs- und Mobilitätsverhalten. Die wesentlichen Trends, welche dieses Verhalten beeinflussen, sind: Individualisierung, hoher Anspruch, mehr Erholung, häufigere und kürzere sowie spontane Reisen.[45] Die demografische Entwicklung bewirkt zwar eine immer älter werdende Gesellschaft, gleichzeitig werden die Älteren jedoch in ihrer Empfindung und ihrem Verhalten immer jünger. Auch das ganzheitliche Gesundheitsdenken, welches nicht nur körperliches sondern auch seelisches Wohlbefinden durch Ruhe, Einkehr und Besinnung umfasst, wird Einfluss auf die zukünftige Nachfrage am Tourismussektor haben.[46]

Zukunftsforscher sprechen von einer großen Bandbreite an neuen Trends, einerseits die so genannte „Glokalisierung", d.h. Globalisierung bei gleichzeitiger Lokalisierung und andererseits die Globalisierung. Diese beiden gegensätzlichen Strömungen können sich durchaus ergänzen. Theoretisch können wir unseren Urlaub auf der ganzen Welt verbringen, doch wir tendieren immer häufiger zu nahe gelegenen Destinationen mit hohem Wohlfühlwert.[47] Nach dem Motto „Je einfacher das Wegfahren, desto spannender wird die eigene Heimat" rücken in der glokalisierten Welt die Nahziele wieder in den Vordergrund. Das größte Bedürfnis der UrlauberInnen wird sein, im Urlaub bei sich selbst anzukommen und nicht im Hotel. Das bedeutet, nicht so sehr die örtliche Umgebung, sondern die Sehnsüchte zählen.[48]

Nachfolgend werden die bestimmenden Trends für die zukünftige Entwicklung des Tourismus im österreichischen Alpenraum erörtert.

---

[45] Vgl. BMLFUW 2006a, S. 53.
[46] Vgl. Popp, CIPRA INFO 83/2007, S. 10.
[47] Vgl. ebenda.
[48] Vgl. http://portal.wko.at/wk/format_detail.wk?AngID=1&StID=316590&DstID=252, Zugriff am 23.04.2007.

2.5.1 Tages- und Kurzreisen

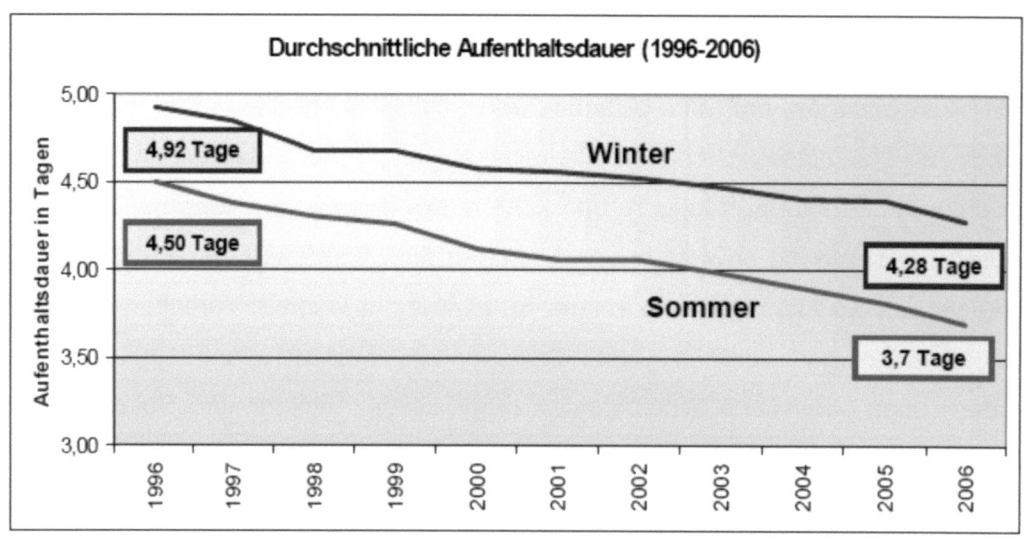

Abbildung 6: Durchschnittliche Aufenthaltsdauer
(Laimer/Weiß 2006, S. 4)

Eine stetig zunehmende Anzahl an UrlauberInnen neigt zu häufigeren und dafür kürzeren Reisen. Die durchschnittliche Aufenthaltsdauer ist in Österreich zwischen 1996 und 2006 von durchschnittlich 4,92 auf 4,28 Tage zurückgegangen (siehe Abbildung 6). Dennoch bleibt der Gast in der Wintersaison deutlich länger als jener im Sommer (2006: 3,7 Tage).[49] Grundsätzlich versteht man unter Kurzreisen alle Reisen von Privatpersonen mit einer Dauer von 2 – 4 Tagen. Vorwiegend werden diese über verlängerte Wochenenden und zusätzlich zu einer längeren Urlaubsreise durchgeführt. Die immer flexibleren Arbeitszeitregelungen (Gleitzeit, Fenstertage) und die steigende Mobilität der UrlauberInnen verstärken die Vorliebe für Kurzreisen.[50]

Interessanterweise steht der Anspruch der TouristInnen auf hohe Qualität und ein gutes Preis- Leistungsverhältnis im Widerspruch zur Aufenthaltsdauer – je kürzer, desto anspruchsvoller. Obwohl die Menschen immer weniger Zeit und auch Geld zur Verfügung haben, fahren sie öfter auf Urlaub. Meist sind diese Reisen dann eben Tages- und Kurztrips anstelle von längeren Urlaubsreisen.[51] Heutzutage besitzen Kurzreisen vermehrt Erlebnischarakter, der Erholungsfaktor steht oft im Hintergrund.

---
[49] Vgl. OGM 2005, S. 28.
[50] Vgl. Kirstges 1995, S. 36 ff.
[51] Vgl. OGM 2005, S. 28 f.

Abgesehen von Städtereisen wird auch der Besuch von Veranstaltungen (kulturell oder sportlich) vermehrt dazu genutzt, den Aufenthalt auf mehrere Tage auszudehnen. Die zunehmenden Risiken von Fernreisen (Terror, Gesundheitsgefährdung) sind ein weiterer Grund für die Beliebtheit von Kurzreisen.[52]

Ferner ist auch eine Zunahme der Kürzest-Reisen, d.h. Tagesreisen und Ausflüge festzustellen. Unter Ausflugsreisen werden zumindest halbtägige Reisen zu Freizeitzwecken außerhalb des eigenen Wohnortes verstanden. Die Beweggründe für diese Ausflüge können sehr unterschiedlich sein: Verwandtenbesuche, Besichtigung von Sehenswürdigkeiten oder Museen mit abschließendem Gastronomiebesuch. Neue Impulse erhalten die Kürzest-Reisen auch durch Sportaktivitäten (z.B. Radfahren, Wandern, Wintersport) sowie durch Thermenbesuche oder Events.[53] Der umfangreiche Bereich des Tages- und Ausflugstourismus ist in Abbildung 7 ersichtlich.

Abbildung 7: Themenkomplex Ausflugstourismus
(OGM 2005, S. 269)

2.5.2 Last-Minute-Buchungen

Bereits seit einigen Jahren registrieren die Reisebüros deutliche Veränderungen beim Buchungsverhalten ihrer KundInnen. Die moderne „Lust und Spaß-Gesellschaft" will ihren spontan aufgekommenen Wunsch zu verreisen möglichst sofort befriedigt haben. In Deutschland verdoppelte sich die Anzahl der spät entschlossenen BucherInnen innerhalb der letzten 10 Jahre auf 11 Mio. pro Jahr.[54] In der Online-Umfrage eines Reisemagazins bezeichneten sich 20 % als echte Last-Minute-

---

[52] Vgl. Gruber 2002, S. 448.
[53] Vgl. OGM 2005, S. 269.
[54] Vgl. Ranetzky, Faktum 12/2006, o.S.

Bucher; 17 % gaben in einer anderen Umfrage an, frühestens 2 Wochen vor Reiseantritt zu buchen. Weiters sind die so genannten „Category Hopper" im Kommen, welche spontan nach einer Pauschalreise noch einen Städtetrip zum Ausklang buchen.[55]

Der Versuch der Reiseveranstalter, dieser Entwicklung mit Frühbucher-Rabatten entgegenzusteuern, ist nur von mäßigem Erfolg gekrönt. Da auch UrlauberInnen, welche im Prinzip frühzeitig buchen wollten, dann doch lieber auf Schnäppchen warten.[56] Die weit verbreitete Annahme, Last-Minute sei gleichzusetzen mit günstig, ist nur bedingt richtig. Oft kostet die kurzfristige Buchung am Ende mehr als die frühzeitige. Ein wichtiger Beweggrund für Last-Minute sind die geänderten Lebensumstände. Unser Lebensumfeld wird immer weniger stabil.[57]

Berichterstattungen über aktuelle wirtschaftliche Ereignisse wie Steuererhöhungen oder die Streichung von hunderten Arbeitsplätzen lassen auch die eigene Zukunft ungewiss erscheinen. Der generelle Trend, sich in allen Lebensbereichen später zu entscheiden, hat demzufolge auch Auswirkungen auf das Buchungsverhalten. Zur Unsicherheit über die persönliche Situation zum Zeitpunkt des Urlaubsantritts kommt auch noch die Angst, wie es zu jener Zeit am Urlaubsort aussieht (politische Unruhen, Terror).[58]

Das Last-Minute-Geschäft profitiert überdies vom rasanten Wachstum des Internet. Die Zahl der NutzerInnen steigt ständig an, 2005 verfügten in Österreich bereits 43 % der Bevölkerung über einen Internetzugang. Das elektronische Medium wird hauptsächlich zur Informationssuche aber auch vermehrt für Direktbuchungen verwendet. 17 % der deutschen InternetnutzerInnen haben bereits eine Reise online gebucht. Die wesentlichen Anforderungen für derartige Buchungen sind Sicherheit, günstige Preise und die Bekanntheit des Anbieters. Das Fehlen passender Angebote, mangelnde Beratung und das Risiko der Datenübermittlung bei Bezahlung per Kreditkarte sind wiederum Faktoren, welche Personen von einer Internetbuchung abhalten können.[59]

---

[55] Vgl. Ranetzky, Faktum 12/2005, o.S.
[56] Vgl. Ranetzky, Faktum 12/2006, o.S.
[57] Vgl. Ranetzky, Faktum 12/2005, o.S.
[58] Vgl. Ranetzky, Faktum 12/2006, o.S.
[59] Vgl. OGM 2005, S. 33 f.

Österreichs Reiseveranstalter haben das wachsende Bedürfnis der InternetnutzerInnen, ihre Reisen unabhängig von Zeit und Ort selbstständig zu organisieren, offenbar noch nicht erkannt. Lediglich 11 % der Gesamtumsätze von 900 Mio. € pro Jahr sind Onlinebuchungen, in Großbritannien beträgt dieser Anteil bereits 40 %. Die Buchungen der ÖsterreicherInnen werden zu 90 % über deutsche Reiseportale im Internet getätigt (ausgenommen Direktbuchungen von Hotel und Flügen), während die heimischen Anbieter nur einen Anteil von 10 % daran besitzen.[60]

Am häufigsten werden die Onlinebuchungen im Inland über das Reisebüro „Restplatzbörse" abgewickelt. Die restlichen Aufträge entfallen auf die Urlaubsbörse, gefolgt von der Verkehrsbüro-Gruppe und STA Travel. Im Durchschnitt beträgt der Wert einer Internetbuchung 1.350 €.[61] Hier besteht dringender Aufholbedarf, um das kräftig wachsende Potential des Reisemarktes im Internet nicht kampflos den ausländischen Anbietern zu überlassen.

2.5.3 Hoher Qualitätsanspruch

Seit Mitte der 80er Jahre wandelte sich der Tourismus von einer Massenabfertigung hin zu einem individuellen, qualitätsbewussten Tourismus. Die Akzeptanz von mangelhaftem Angebot und Service durch die gut informierten Gäste nahm beständig ab.[62] Eine nahezu vollständige Information ermöglicht die Vergleichbarkeit von Angeboten; Reiseerfahrung und höhere Sensibilität für das Preis-Leistungs-Verhältnis schlagen sich in einem zunehmenden Qualitätsanspruch nieder. Die UrlauberInnen erwarten eine reibungslos funktionierende Dienstleistungskette von der Buchung über den Aufenthalt bis zur Abreise (siehe Abbildung 8).[63]

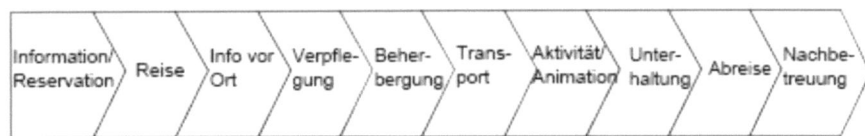

Abbildung 8: Touristische Dienstleistungskette
(http://www.sab.ch/fileadmin/user_upload/MONTAGNA/SAB_Verlag/Tourismusgesetz.pdf, S. 41, Zugriff am 05.07.2007)

---

[60] Vgl. Schuhmann, OÖN, 28.07.2007, S. 13.
[61] Vgl. ebenda.
[62] Vgl. OGM 2005, S. 28.
[63] Vgl. Haimayer 2003, S. 4.

In verschiedenen Untersuchungen wurde herausgefunden, nach welchen Kriterien UrlauberInnen die Qualität von Dienstleistungen beurteilen. Die Wünsche der Gäste bestehen demnach aus *4 Komponenten*: persönliche Bedürfnisse und Situation, Mund-zu-Mund-Propaganda, bisherige Erfahrungen sowie Kommunikation und Preis des Anbieters. Die vielfältigen Ausprägungen der Servicequalität wurden auf *5 Kernfaktoren* verdichtet: Zuverlässigkeit, Leistungs- und Fachkompetenz, Freundlichkeit und Entgegenkommen, Empathie und Annehmlichkeit des räumlichen Umfeldes.[64]

Das neue Verhalten der „mündig" gewordenen KundInnen entstand durch die geänderten wirtschaftlichen Rahmenbedingungen. Die wachsende Individualisierung der Arbeitswelt, höhere Einkommen und bessere Ausbildung führten zu gestiegenen Ansprüchen. Dies ist auch an der hohen Auslastung der 5-/4-Sterne-Hotels erkennbar. Dennoch wurde diese Entwicklung von einzelnen Tourismusregionen Österreichs bisher nur unzureichend zur Kenntnis genommen.[65] Dieses Versäumnis äußerte sich durch das Ausbleiben der Gäste. In vielen Fällen beanstanden die Gäste zwar nicht die mangelhafte Qualität, aber sie kommen kein weiteres Mal.[66]

In Kärnten verloren Unternehmen der niedrigen Kategorien aufgrund nicht getätigter Investitionen für einen verbesserten Standard ihrer Unterkünfte in den letzten Jahren beständig KundInnen. Die UrlauberInnen buchen vermehrt in Betrieben, wo auch bei Schlechtwetter Abwechslung geboten wird (z.B. Hallenbad, Fitnessraum).[67] Österreichweit ist hinsichtlich der Anzahl von Unternehmen ein Zuwachs bei den höheren Qualitätskategorien, eine gleich bleibende Entwicklung bei den 3-Sterne-Betrieben und ein deutlicher Rückgang in den unteren Qualitätskategorien festzustellen. Auch bei Betrachtung der wirtschaftlichen Situation ist eine sich beständig vergrößernde Kluft zwischen kleinen, qualitativ minderwertigen Unterkünften und jenen der oberen Kategorien mit rentablen Betriebsgrößen erkennbar.[68]

---

[64] Vgl. Müller 2002, S. 513.
[65] Vgl. OGM 2005, S. 28.
[66] Vgl. Müller 2002, S. 512.
[67] Vgl. http://kaernten.orf.at/stories/207346/, Zugriff am 27.08.2007.
[68] Vgl. BMWA 2007, S. 66.

2.5.4 Demografischer Wandel der TouristInnen

Unsere Bevölkerung wird immer älter. Schon 2005 war jede/r fünfte ÖsterreicherIn älter als 60 Jahre (ca. 1,8 Mio. Menschen). Im Jahr 2030 wird nahezu 1/3 der Bevölkerung (ca. 2,7 Mio. Menschen) über 60 Jahre alt sein. Die nachfolgende Abbildung 9 zeigt die prognostizierte Altersentwicklung in Österreich bis zum Jahr 2050.[69] Durch den ständigen Fortschritt der Medizin wird die Lebenserwartung weiter zunehmen. Hinzu kommt, dass die heutigen SeniorInnen viel gesünder sind.[70]

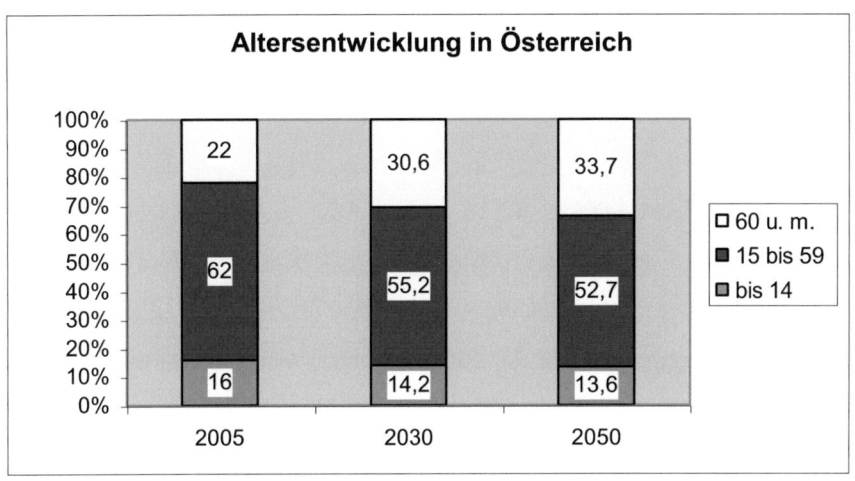

Abbildung 9: Altersentwicklung in Österreich
(http://www.statistik.at/fachbereich_03/bevoelkerung_tab1.shtml, Zugriff am 19.04.2007)

Die Freizeit hat bei den Menschen im Ruhestand einen hohen Stellenwert. Sie wird einerseits zur Erholung genützt, andererseits sollen einseitige Belastungen ausgeglichen sowie Information und Orientierung gegeben werden. Zusätzlich werden die Funktionen des davor ausgeübten Berufes übernommen. Demzufolge dient die Freizeit in gewisser Weise zur Definition der eigenen Persönlichkeit gegenüber anderen und sorgt darüber hinaus für einen regelmäßigen Tagesablauf.[71] Meist besitzen die Menschen der älteren Generation ausreichend Erfahrung beim Reisen und wollen daher auch ihren Lebensabend in Form von Urlauben genießen. Im Jahr 2000 unternahm jede/r zweite ÖsterreicherIn über 60 Jahre zumindest eine größere Urlaubsreise. Die Reiseintensität dieser Altersgruppe lag mit 45 % nur geringfügig unter dem durchschnittlichen Wert von 55 % für alle Altersgruppen.[72]

---

[69] Vgl. http://www.statistik.at/fachbereich_03/bevoelkerung_tab1.shtml, Zugriff am 19.04.2007.
[70] Vgl. OGM 2005, S. 417.
[71] Vgl. Artho 1996, S. 114 f.
[72] Vgl. OGM 2005, S. 416.

Die heutige Generation 50plus unterscheidet sich grundlegend von den vorherigen. Die „jungen Alten" sind überaus aktiv und verfügen obendrein über eine deutlich höhere Kaufkraft als die jüngeren Altersklassen. In Zukunft werden die älteren TouristInnen das meiste Kapital zur Verfügung haben und dies auch ausgeben.[73] Die Reiseausgaben der über 60-Jährigen liegen rund 14 % über jenen der unter 60-Jährigen.[74] Das Marktpotential dieser Zielgruppe ergab in Europa für das Jahr 2005 bereits 130 Mio. Menschen. Die Reisenden dieser Altersgruppe sind sehr qualitäts- und serviceorientiert. Während ihres Urlaubs legen sie Wert auf Kommunikation, Geselligkeit, Gesundheit, sanfte Alternativangebote, gutes Essen und entsprechende Information sowie Logistik.[75]

Von den über 50-Jährigen fahren 90 % jedes Jahr auf Urlaub, 40 % sind sogar 4 – 5 Mal pro Jahr auf Reisen. Gemäß einer Prognose der „World Travel Monitor Company" wird der Umsatz in dieser Sparte mit der Generation 55plus bis zum Jahr 2020 um 63 % emporschnellen. 80 % des Umsatzes von Studienreisen werden mit der Generation 50plus erwirtschaftet. Angesichts dieser Zahlen zeigt sich, welch großes Potenzial diese Altersgruppe bereits heute besitzt und besonders zukünftig besitzen wird.[76]

Die Jugendlichkeit der Angebote ist auch für die „jungen Alten" von großer Bedeutung. Ein großer Teil der älteren Personen möchte gerne um 25 Jahre jünger sein. Heute zählt nicht mehr das tatsächliche Alter einer Person sondern deren Verhalten, ihr äußeres Erscheinungsbild und ihre soziale Rolle als Indikator. Diese Ansicht unserer Gesellschaft und der Zwang zur Jugendlichkeit sind auch am Freizeitverhalten ablesbar. Die Jugendlichen sind mittlerweile in vielen Bereichen tonangebend für neue Trends (Bekleidung, Sportarten, neue Medien, etc.). Auch wenn die Zahl der Jugendlichen in den nächsten Jahrzehnten rückläufig sein wird, ist diese Komponente trotz des demografischen Wandels eine sehr wichtige in der Tourismuswerbung.[77]

Eine Studie aus dem Jahr 2000 entdeckte einen signifikanten Zusammenhang zwischen Alter und Urlaub in den österreichischen Alpen. Ältere Personen (Altersgruppe

---

[73] Vgl. Jelinek 2006a, S. 6 f.
[74] Vgl. OGM 2005, S. 418.
[75] Vgl. OGM 2005, S. 32.
[76] Vgl. Nagiller, Weekend Magazin 20/2007, S. 18.
[77] Vgl. Jelinek 2004, S. 9 ff.

über 44 Jahre) verbringen demnach viel häufiger ihren Urlaub in den Alpen als jüngere. Die Berge sind offensichtlich für SeniorInnen ein sehr attraktives Reiseziel. Hinsichtlich der Aktivitäten während ihres Aufenthalts nannten die Personen über 44 Jahren Wandern und Erholung als beliebteste Beschäftigung. Nur 35 % unter ihnen reihten mit Schnee verbundene Aktivitäten an 1. Stelle.[78] Der Altersdurchschnitt der WinterurlauberInnen in Österreich liegt bei 42 Jahren, wobei die 30 – 39-Jährigen (25 %) und die 40 – 49-Jährigen (24 %) die dominierenden Altersgruppen sind. Wenn man jedoch die über 50 und 60-Jährigen zusammenfasst, stellen diese den größten Anteil (29 %).[79]

2.6 *Beitrag des Wintertourismus zum Klimawandel*

Die vielfältigen Umweltbelastungen in Verbindung mit dem Wintertourismus können in 4 Kategorien eingeteilt werden:

- *Mechanische Einwirkungen*: Verdichtung, Versiegelung und Erosion des Bodens, Beschädigung und Zerstörung der Vegetation (Schipisten)
- *Flächenbeanspruchung*: Flächenverbrauch und Veränderung des Landschaftsbildes (neue Hotelanlagen, Zweitwohnsitze)
- *Schadstoffe* in Luft, Wasser und Boden: Verbrennung von Treibstoffen (PKW)
- *Störwirkungen*: Lärm oder Gerüche (Restauration, Diskotheken)[80]

Im Hinblick auf den Klimawandel interessieren natürlich insbesondere die Schadstoffeinträge in die Luft, aber auch das Abholzen der Wälder als natürliche CO_2-Absorber. Eine Studie der Uni Graz kam zu dem Ergebnis, dass der Schneetourismus für 6 % der gesamten österreichischen Treibhausgas-Emissionen verantwortlich ist.[81] Die Anteile der einzelnen Komponenten werden im Folgenden näher erörtert.

---

[78] Vgl. Dantine 2002, S. 265 f.
[79] Vgl. Michl 2005a, S. 17.
[80] Vgl. Müller 2003, S. 6.
[81] Vgl. http://www.seilbahn.net/wirtschaft/newsline/oesterreich11.htm, Zugriff am 26.02.2007.

2.6.1 Beschneiungsanlagen

Für die Beschneiung von Pisten werden 600 l Wasser / m² in einer Saison verbraucht. Infolgedessen werden für das „künstliche Weiß" auf einer Piste von 4 km Länge und 50 m Breite jährlich 50.000 m³ Wasser benötigt, dies entspricht dem durchschnittlichen Jahresverbrauch von ca. 80 Europäern.[82] Der Wasserverbrauch für die Beschneiung der gesamten Pistenfläche in den Alpen (ca. 95 Mio. m³) kam im Jahr 2004 dem Bedarf einer Stadt mit 1,5 Mio. EinwohnerInnen gleich. Mit der dafür aufgewendeten Energie könnten 130.000 4-Personen-Haushalte für ein Jahr mit Strom beliefert werden.[83]

Hinsichtlich der direkten CO_2-Emissionen spielen Beschneiungsanlagen nur eine relativ untergeordnete Rolle, sie tragen lediglich *1 %* zum Ausstoß des Wintertourismus bei.[84] Jedoch verursacht die Stromerzeugung für deren energieintensiven Betrieb (45 – 130 kW / ha pro Gerät)[85] einen hohen CO_2-Ausstoss und dadurch tragen sie indirekt auf jeden Fall zum Klimawandel bei.[86]

2.6.2 Reiseverkehr

Prinzipiell kann man zwischen 2 Arten von touristisch induziertem Verkehr unterscheiden: den An- und Abreiseverkehr vom Wohn- zum Urlaubsort und den regionalen Verkehr am Urlaubsort. Für die Eruierung der Auswirkungen auf die Umwelt ist die Einschränkung auf den An- und Abreiseverkehr berechtigt, da dieser den größten Teil dazu beiträgt.[87] Die nachstehende Abbildung 10 zeigt die Verteilung auf die verschiedenen Verkehrsträger (Modal Split) für Reisen und das gesamte Verkehrsaufkommen innerhalb der EU im Jahr 2000 sowie die Prognosen für 2020. Der Anteil des motorisierten Individualverkehrs liegt in beiden Fällen über 50 %. Das restliche Aufkommen wird zu relativ gleichen Teilen von Flugverkehr und öffentlichem Verkehr (Bus, Bahn, Fähre) verursacht.

---

[82] Vgl. Müller 2003, S. 149.
[83] Vgl. o.V., CIPRA INFO 81/2006, S. 7.
[84] Vgl. http://www.seilbahn.net/wirtschaft/newsline/oesterreich11.htm, Zugriff am 26.02.2007
[85] Vgl. Baumann 2004, S. 10.
[86] Vgl. o.V., CIPRA INFO 81/2006, S. 7.
[87] Vgl. Jelinek 2006b, S. 5.

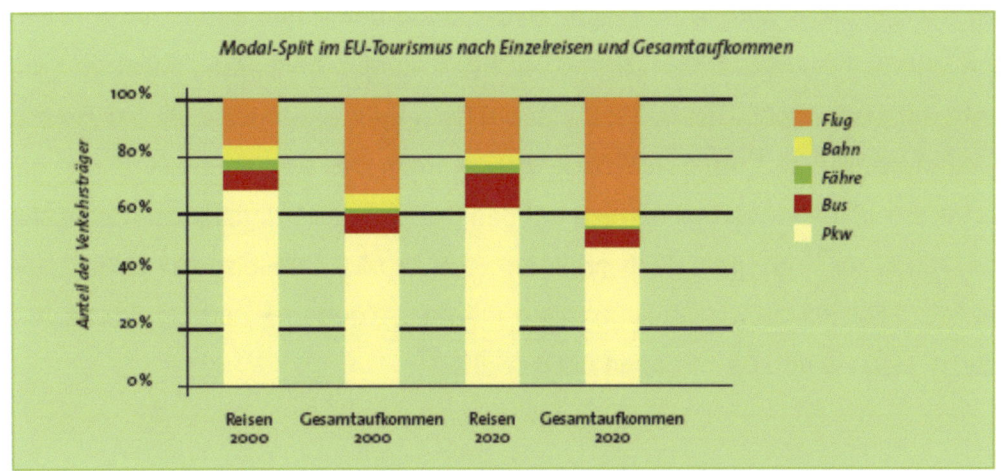

Abbildung 10: Modal-Split des An- und Abreiseverkehrs in der EU
(BMLFUW 2006a, S. 17)

Mit der An- und Abreise per PKW zum Urlaubsort sind massive Umweltbelastungen verbunden. Darunter fällt vor allem die Luftverschmutzung durch Emissionen von CO_2, einem der schädlichsten Treibhausgase.[88] Mit einem Anteil von **38 %** an den gesamten CO_2-Emissionen des Wintertourismus zählt der motorisierte Individualverkehr auf jeden Fall zu den größten Problemfeldern.[89] Sowohl bei der Anzahl der zurückgelegten Wege (40 %) als auch bei den gefahrenen Kilometern (44 %) liegt der Freizeitverkehr innerhalb der Schweiz unangefochten an erster Stelle (siehe Abbildung 11). Nahezu analoge Ergebnisse wurden auch für Österreich ermittelt.[90]

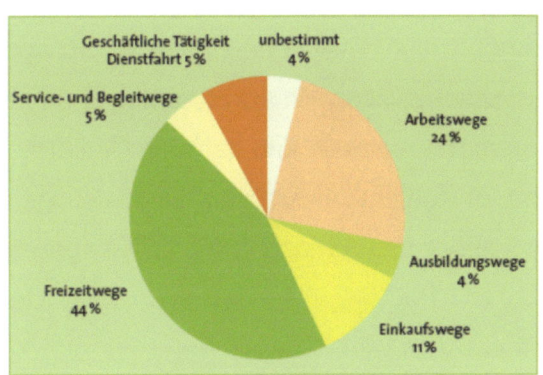

Abbildung 11: Verkehrsverhalten der SchweizerInnen
(BMLFUW 2006a, S. 50)

Der gesamte Anteil des Tourismus am Freizeitverkehr lässt sich nicht genau feststellen. Der Anteil des Tourismus am Flugverkehr ließe sich hingegen genau eruieren.

---

[88] Vgl. Müller 2003, S. 66 f.
[89] Vgl. http://www.seilbahn.net/wirtschaft/newsline/oesterreich11.htm, Zugriff am 26.02.2007.
[90] Vgl. Holzer, CIPRA INFO 81/2006, S. 9.

Diese Verkehrsform wird jedoch nicht Gegenstand der Arbeit sein, da die überwiegende Mehrheit der WintertouristInnen per PKW anreist. Fest steht, dass der Ferienverkehr auf Österreichs Straßen zur Hauptreisezeit für einen Großteil der Belastungen verantwortlich ist.[91] An den Wochenenden steigt das Verkehrsaufkommen durch den Urlauber-Schichtwechsel nahezu auf das Doppelte im Vergleich zu durchschnittlichen Tagen an.[92] Im Jahr 2006 erfolgten 82,6 % aller inländischen Urlaubsreisen (8,09 Mio. Reisen) der ÖsterreicherInnen mit dem eigenen Fahrzeug, inklusive der Auslandsreisen waren es immerhin noch 65,8%.[93]

2.6.3 Schipisten

Der alpine Schisport hat insgesamt negative Auswirkungen auf das sensible Ökosystem im Gebirge. Die größten Schäden entstehen allerdings nicht beim Schifahren sondern beim Bau der notwendigen Infrastruktur und in diesem Zusammenhang insbesondere beim Bau von Schipisten.[94] Hierfür ist vor allem in höheren Lagen das Abholzen von Bergwald erforderlich. Obwohl der Neubau von Schipisten und damit auch die Rodungen deutlich zurückgegangen sind, gibt es dennoch immer wieder Negativbeispiele. Laut einem Bericht des WWF aus dem Jahr 2005 sollen in einem Schweizer Wintersportort 60.000 m² Waldfläche gerodet werden um neue Schipisten anzulegen.[95]

Der Wald hat in umweltrelevanter Hinsicht eine immens wichtige Funktion: Reinigung von Luft und Wasser, Schadstofffilter, Wasserspeicher und Ausgleich des Klimas.[96] Rodungen in einem derartigen Ausmaß sind daher in klimatischer Hinsicht unverantwortlich. Wälder spielen im Kohlenstoff-Kreislauf eine wichtige Rolle (Abbildung 12). Auf lange Sicht stehen Wälder und Atmosphäre im Gleichgewicht, d.h. sie sind CO_2-neutral. Sie nehmen bei der Photosynthese genauso viel CO_2 auf (Senke), wie bei dessen Abbau wieder freigesetzt wird (Quelle).[97]

---

[91] Vgl. Müller 2003, S. 70.
[92] Vgl. Luger/Rest 2002, S. 23.
[93] Vgl. http://www.statistik.at/fachbereich_tourismus/txt2.shtml, Zugriff am 19.04.2007.
[94] Vgl. http://www.geographie.uni-stuttgart.de/exkursionsseiten/graubuenden/pistenoekologie.html, Zugriff am 12.07.2007.
[95] Vgl. http://www.onlinereports.ch/Archiv/Seitenwechsel/Seitenwechsel_2005_09.htm, Zugriff am 12.07.2007.
[96] Vgl. Müller 2003, S. 125.
[97] Vgl. http://www.wsl.ch/dienstleistungen/dossiers/wald_co2/hintergrund/index_DE, Zugriff am 12.07.2007.

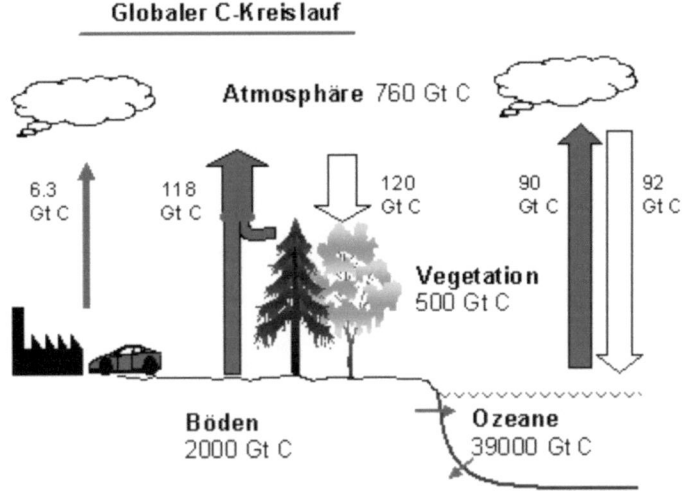

Abbildung 12: Globaler Kohlenstoff-Kreislauf
(http://www.wsl.ch/dienstleistungen/dossiers/wald_co2/hintergrund/index_DE, Zugriff am 12.07.2007)

Die Wälder stellen eine wichtige Größe für die Treibhausgasbilanz dar, da das CO_2 zu 50 % für den anthropogenen Treibhauseffekt verantwortlich ist.[98] Daneben werden sie auch für die Erfüllung der Vorgaben des Kyoto-Protokolls herangezogen. Jeder unterzeichnende Staat muss genaue Aufzeichnungen über die Aufnahme von CO_2 mittels Aufforstungen und dessen Freisetzung durch Rodungen führen.[99]

2.6.4 Unterkunft und Verpflegung

Mit **58 %** der CO_2-Emissionen des gesamten Wintertourismus tragen die Beherbergungs- und Restaurationsbetriebe den größten Teil zum Klimawandel bei. Insbesondere sind Heizung und Warmwasser für die hohen Emissionen verantwortlich.[100] Alleine für diese beiden Bereiche wird ungefähr die 1/2 bis 2/3 des gesamten Energiebedarfs eines Fremdenverkehrsbetriebes benötigt. Die restliche Energie wird für Klimaanlagen und Beleuchtung eingesetzt.[101] Eine Untersuchung der Hotellerie im Bundesland Salzburg ergab einen durchschnittlichen Energieverbrauch von 23 kW/h pro Bett und Betriebstag, wobei die Werte eine beträchtliche Bandbreite zwischen 5 und 74 kW/h aufwiesen.[102] Der durchschnittliche Energieverbrauch eines privaten

---

[98] Vgl. http://www.wochedeswaldes.at/article/archive/18517, Zugriff am 12.07.2007.
[99] Vgl. http://www.bafu.admin.ch/wald/01198/01209/index.html?lang=de, Zugriff am 12.07.2007.
[100] Vgl. http://www.seilbahn.net/wirtschaft/newsline/oesterreich11.htm, Zugriff am 26.02.2007.
[101] Vgl. Hämmerle 1998, S. 9.
[102] Vgl. http://www.sbg.wk.or.at/tourismus/html/gastrotip.htm#4, Zugriff am 13.07.2007.

Haushalts von 15 kW/h pro Person und Tag müsste davon noch abgezogen werden.[103]

Der durchschnittliche Aufwand für die Energiekosten beträgt bei den Restaurationsbetrieben 5,1 %, bei den Hotels 3,5 % des Umsatzes. Bei den Gasthöfen werden 65 % der Kosten für Strom (Küchenbetrieb) aufgewendet, bei den Hotels werden 57 % der Kosten für Energie (Heizung, Warmwasser) ausgegeben. Darüber hinaus ist speziell in den größeren Beherbergungsbetrieben der Energieverbrauch für die Beleuchtung eklatant hoch.[104] Trotz zahlreicher Förderungen für energieeffiziente Investitionen erscheint das Energiesparen in diesem Bereich nach wie vor unattraktiv. Es wird fälschlicherweise oft mit einem Verlust an Komfort gleichgesetzt. Darüber hinaus sind Informationen über Energieeffizienz und über den hohen Energieverbrauch der Fremdenverkehrsbetriebe meist nicht bekannt.[105]

---

[103] Vgl. http://www.wienenergie.at/WienerStadtWerke/DOWNLOAD/energiespartipps.pdf, S. 13 f., Zugriff am 30.10.2007.
[104] Vgl. http://www.wko.at/ooe/energie/Branchen/gastronomie/gast-ges.htm, Zugriff am 13.07.2007.
[105] Vgl. Hämmerle 1998, S. 14.

3 Klimaänderungen im europäischen Alpenraum und deren Konsequenzen für den Wintertourismus

Zu Beginn dieses Kapitels erfolgt ein Rückblick auf die bisherige Entwicklung jener klimatischen Faktoren, welche im Wintertourismus eine wesentliche Rolle spielen: Temperatur, Niederschläge und Schneelage. Darauf aufbauend werden die Zukunftsprognosen der KlimaforscherInnen für diese Klimafaktoren vorgestellt um im Anschluss die daraus entstehenden Konsequenzen für den Wintertourismus im österreichischen Alpenraum vorwiegend in wirtschaftlicher Hinsicht zu erörtern.

3.1 *Grundlagen*

Das globale Klimasystem setzt sich aus der Sonne, der Atmosphäre, den Weltmeeren, dem Wasserkreislauf und der Biosphäre zusammen. Die Temperatur auf der Erde, welche vom Klimawandel am meisten betroffen ist, ist das Ergebnis eines *natürlichen Treibhauseffekts* (siehe Abbildung 13). Die Atmosphäre reflektiert einen Teil der infraroten Wärmeabstrahlung der Erde, dafür sind hauptsächlich CO_2, CH_4 und Wasserdampf verantwortlich. Dadurch erhöht sich die Temperatur der Sonneneinstrahlung um 33° C, ansonsten würde es anstelle 15° C minus 18° C haben.[106]

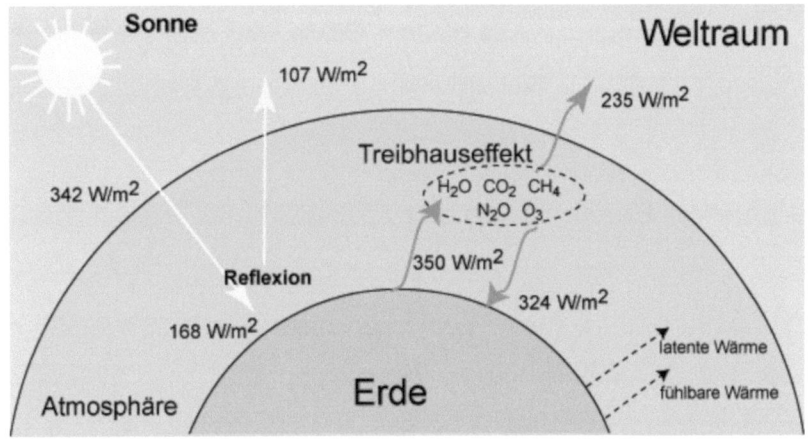

Abbildung 13: Der natürliche Treibhauseffekt
(http://www.hamburger-bildungsserver.de/welcome.phtml?unten=/klima/klimawandel/
atmosphaere/treibhauseffekt_nat.html, Zugriff am 11.07.2007)

Zusätzlich zum natürlichen Treibhauseffekt ist seit der industriellen Revolution ein vom Menschen verursachter, *anthropogener Treibhauseffekt* zu beobachten. Die-

---
[106] Vgl. Müller 2003, S. 151.

ser hat eine erhöhte Konzentration der Treibhausgase sowie neue Gase wie beispielsweise FCKW zur Folge. Diese Treibhausgase absorbieren mehr langwellige Strahlung und bringen dadurch die Strahlungsbilanz der Atmosphäre aus dem Gleichgewicht. Dies bewirkt einen Temperaturanstieg auf der Erdoberfläche.[107] Bereits heute steht fest, dass dieser Vorgang nicht erst in Zukunft zum Problem werden wird, sondern schon seit Jahren fortschreitet. Ein zuverlässiger Anhaltspunkt dafür ist der Anstieg der globalen Durchschnittstemperatur seit Ende des 19. Jahrhunderts.[108]

Das CO_2 ist einer der wichtigsten Stoffe für das Klima. Dessen Freisetzung passiert durch Atmung, Verdunstung, Verbrennung fossiler Brennstoffe (Kohle, Öl, Erdgas) sowie Verrottung von Pflanzen und Tieren. Für den Abbau sind die Photosynthese und die Lösung in den Ozeanen am wichtigsten. Gemäß aktuellen Forschungsergebnissen gilt es als erwiesen, dass zwischen der Konzentration von CO_2 in der Atmosphäre und der Oberflächentemperatur auf der Erde ein eindeutiger Zusammenhang besteht.[109]

Bei Betrachtung der verschiedenen Treibhausgase, welche zur Störung der Strahlungsbilanz beitragen, wurde festgestellt, dass CO_2 mit 60 % den höchsten Anteil daran besitzt. In den Vorhersagen für die zukünftige Entwicklung der Emissionen wird das Ausmaß des atmosphärischen CO_2 im Vergleich zu den anderen Treibhausgasen weiter zunehmen.[110] Aus diesem Grund wird sich die vorliegende Arbeit auf die Auswirkungen von CO_2 beschränken.

3.2   *Bisherige Entwicklung der klimatischen Verhältnisse*

In den letzten Jahren wurde immer deutlicher, dass eine Veränderung des Klimas stattfindet. Das zeigen meteorologische Messungen aber auch die Folgen des Klimawandels wie Extremwetterereignisse und Gletscherschwund.[111] In diesem Teil wird die Entwicklung der wichtigsten klimatischen Indikatoren – Temperatur, Niederschläge und Schnee – untersucht um den bisher erfolgten Klimawandel zu belegen.

---

[107] Vgl. Mayer 1998, S. 5.
[108] Vgl. Wuppertal Institut 2006, S. 16.
[109] Vgl. Müller 2003, S. 151 f.
[110] Vgl. Wuppertal Institut 2006, S. 14 f.
[111] Vgl. Kromp-Kolb/Formayer 2001, S. 2.

3.2.1 Temperatur

Die Erwärmung im Alpenraum fiel bisher im Vergleich zum restlichen Mitteleuropa noch stärker aus. Hier bewegte sich der Temperaturanstieg in den letzten 150 Jahren zwischen 1,6 und 2° C in Bodennähe.[112] Alleine in den vergangenen 50 Jahren stieg die Temperatur bis zu 1,5° C.[113] Im restlichen Teil Mitteleuropas betrug die Erwärmung hingegen nur ca. 1° C.[114] Der Anstieg der globalen Durchschnittstemperatur erfolgte ebenso in einem ähnlichen Ausmaß, d.h. um ca. 0,8° C.[115] In der nachfolgenden Abbildung 14 ist der Temperaturverlauf in den alpinen Klimazonen im Vergleich zur globalen Mitteltemperatur (schwarze Linie) dargestellt. Die anhaltende Erwärmung im Alpenraum seit Ende des 19. Jahrhunderts ist deutlich erkennbar.[116]

Der Grund für diese höhere Sensibilität des Alpenraums ist vor allem auf den Rückgang der ständig verschneiten Flächen, insbesondere der Gletscher, zurückzuführen. Infolgedessen wird mehr Sonneneinstrahlung aufgenommen und weniger reflektiert, wodurch die Erwärmung noch intensiver erfolgt.[117]

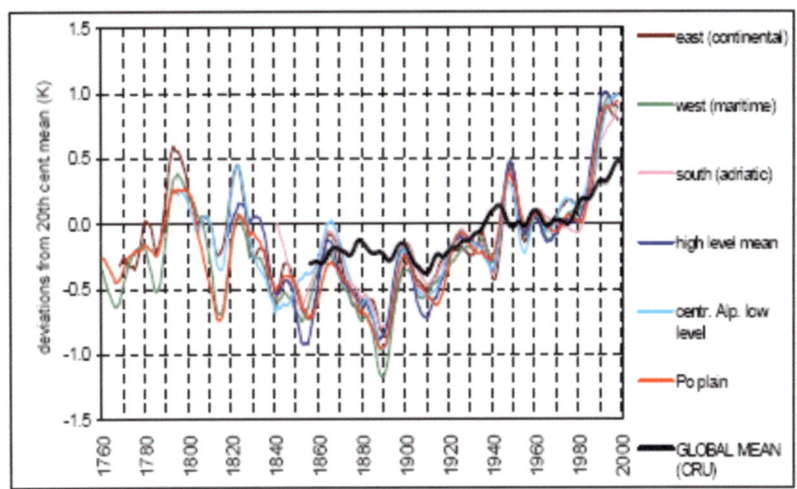

Abbildung 14: Temperaturverlauf im Alpenraum
(http://www.zamg.ac.at/alp-imp/downloads/session_auer.pdf, S.5, Zugriff am 04.06.2007)

---

[112] Vgl. Naturfreunde Österreich 2004, S. 18.
[113] Vgl. http://www.report.at/artikel.asp?mid=4&kid=1&aid=11456, Zugriff am 26.02.2007.
[114] Vgl. Naturfreunde Österreich 2004, S. 18.
[115] Vgl. Kromp-Kolb/Formayer 2005, S. 43.
[116] Vgl. http://www.zamg.ac.at/alp-imp/downloads/session_auer.pdf, S.5, Zugriff am 04.06.2007.
[117] Vgl. Naturfreunde Österreich 2004, S. 18.

3.2.2 Niederschläge

Aufgrund des Fehlens von Langzeitmessungen fällt es schwer, einen definitiven Trend für die bisherige Entwicklung der Niederschläge im österreichischen Alpenraum abzuleiten. Studien von Schweizer Experten haben für den Nordwesten der Alpen eine Zunahme der Niederschläge festgestellt, häufig in Form von Starkniederschlägen. Für den Großteil von Österreich kann jedoch kein derartiges Indiz gefunden werden. In den letzten Jahren war sogar eine Abnahme der Niederschläge zu verzeichnen.[118] Die Angabe der absoluten Niederschlagsmengen ist generell mit großen Unsicherheiten verbunden, da diese regional sehr stark abweichen können. Vor allem in höheren Lagen gibt es aufgrund von Windverwehungen Probleme bei den Messungen, daher werden überwiegend Werte aus Tallagen herangezogen.[119]

3.2.3 Schnee

In der Literatur finden sich die unterschiedlichsten Definitionen für den Begriff der Schneesicherheit. Dies liegt daran, dass bisher keine Formel gefunden wurde, die von allen Experten voll akzeptiert wird. Einigkeit herrscht jedoch dahingehend, dass die Schneesicherheit in Verbindung mit einer bestimmten Höhenlage und einer konkreten Zeitperiode determiniert wird. Sehr gebräuchlich ist die so genannte 100-Tage-Regel, welche eine Wintersaison (Mitte Dezember – Mitte April) nur dann als wirtschaftlich befindet, wenn an mindestens 100 Tagen eine ausreichende Schneedecke für den Schibetrieb, d.h. mindestens 30 cm, der Fall war.[120]

In Österreich trifft diese Faustregel auf Wintersportorte zu, welche sich auf einer Seehöhe von mindestens 1.200 m befinden. Über 2.000 m Seehöhe ist während der gesamten Wintersaison die Ausübung von Wintersport möglich.[121] Prinzipiell variiert die Schneehöhe mehr als Temperatur und Niederschläge, da viele lokale Faktoren wie Wind oder Sonneneinstrahlung sehr stark differieren können.[122] Bei Analyse der Zeitperiode einer durchgehenden Schneedecke wurde erwartungsgemäß ein ausgeprägter Zusammenhang mit der Höhenlage festgestellt. In den letzten 50 Jahren ist beispielsweise in Salzburger Wintersportorten unterhalb von 1.000 m Seehöhe für

---

[118] Vgl. Kromp-Kolb/Formayer 2005, S. 44 f.
[119] Vgl. Breiling 1997, S. 38.
[120] Vgl. Abegg 1996, S. 59 ff.
[121] Vgl. Breiling 1997, S. 16.
[122] Vgl. ebenda, S. 40.

Schneedecken > 5 cm eine Verkürzung um 2 Wochen eingetreten, für höher liegende Orte war keine Änderung erkennbar. Für Schneedecken > 20 cm ergab sich eine um 1 Woche reduzierte Dauer für Orte unterhalb von 1.500 m Seehöhe.[123]

Hinsichtlich der einzelnen Monate war zwischen 1965/66 und 1994/95 im österreichischen Alpenraum die Wahrscheinlichkeit einer Schneedecke im Jänner mit 77 % am höchsten, gefolgt vom Februar mit 70 % und Dezember mit 62 %. Die niedrigste Wahrscheinlichkeit für eine Schneedecke ist im November mit 30 % und im April mit 27 % gegeben.[124] Ein Zusammenhang mit der Temperatur ist zwar insgesamt nicht auffallend, aber besonders in den extrem kalten und warmen Wintersaisonen doch sehr deutlich. Die höhere Temperatur von rund 0,5° C in den 10 wärmsten Jahren verglichen mit der letzten Dekade hatte einen großen Effekt auf die Dauer der Schneedecke. Durch die Erwärmung waren sowohl das Ausmaß der verkürzten Dauer einer geschlossenen Schneedecke als auch die Seehöhe, bis in welche die Veränderung spürbar war, stark angestiegen.[125]

---

[123] Vgl. Kromp-Kolb/Formayer 2001, S. 22.
[124] Vgl. Breiling 1997, S. 41.
[125] Vgl. Kromp-Kolb/Formayer 2001, S. 24 f.

3.3 Szenarien für die Zukunft

Um Prognosen für die zukünftigen Klimaänderungen abgeben zu können, werden zunächst alle Einflüsse auf das Klima in so genannten Globalen Klimamodellen (GCM) analysiert. Anschließend werden zur Bewertung der vom Menschen verursachten Emissionen Erwartungen hinsichtlich Bevölkerungs-, Wirtschafts- und Technologiewachstum sowie die Erfüllung von Vereinbarungen zum Klimaschutz, z.B. dem Kyoto-Protokoll, getroffen. Daneben muss natürlich auch die Entwicklung der natürlichen Treibhausgase vorausgesagt werden. Aufgrund des großen Aufwands werden weltweit nur wenige Klimamodelle errechnet.[126] Die Bandbreite der verschiedenen Szenarien des IPCC umfasst eine Erhöhung der globalen Durchschnittstemperatur zwischen 1,4 und 5,8° C bis zum Jahr 2100 (siehe Abbildung 15).[127]

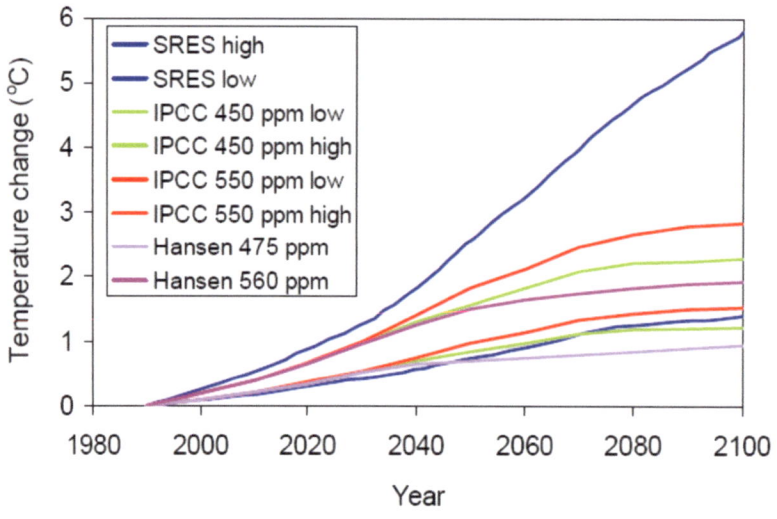

Abbildung 15: IPCC-Szenarien
(http://www.greenhouse.gov.au/science/hottopics/pubs/topic2.pdf, S. 2, Zugriff am 10.09.2007)

3.3.1 Temperatur

Alle globalen Klimamodelle ergeben einen deutlichen Temperaturanstieg bei erhöhten Treibhausgaskonzentrationen. Sogar das positivste Szenario, welches ein hohes Maß an Umweltbewusstsein beinhaltet, ergibt eine Zunahme der globalen Mitteltemperatur um mindestens 1,4° C bis zum Jahr 2100. Bei den realistischen Szenarien

---

[126] Vgl. Kromp-Kolb/Formayer 2005, S. 61 ff.
[127] Vgl. Wuppertal Institut 2006, S. 17.

wird ein Anstieg von rund 2,7° C erwartet.[128] Regionale Modelle prognostizieren für Österreich bereits innerhalb der nächsten 30 Jahre eine Erwärmung um 2 – 4° C.[129] Für den Bereich des Alpenhauptkamms werden sogar um bis zu 3° C höhere Jahresmitteltemperaturen erwartet. Tage mit Temperaturen unter 0° C, so genannte Frosttage, werden sich halbieren (minus 25 Tage).[130]

Besonders Gebirgsregionen werden von diesem Temperaturanstieg noch stärker betroffen sein.[131] Einerseits aufgrund ihrer erhöhten Sensibilität gegenüber Klimaschwankungen, andererseits wegen des Einflusses von 4 verschiedenen Klimazonen (mediterran, atlantisch, polar und kontinental). Eine globale Klimaänderung würde deren einzelne Bedeutung verändern und dadurch kumulative Änderungen im alpinen Raum bewirken.[132] Weiters wird die Temperaturinversion, welche derzeit für eine relative Gleichheit mittelhoher und hochliegender Gebiete sorgt, nachlassen. Dadurch kann eine niedrige regionale Erwärmung zu einer erheblich intensiveren lokalen Erwärmung führen.[133]

3.3.2 Niederschläge

Grundsätzlich rechnen viele Szenarien mit einer Änderung der Niederschläge bis zu 10 %. Allerdings ist nicht klar, in welche Richtung diese gehen wird – ob Zunahme oder Abnahme.[134] Einige Experten erwarten eher eine Abnahme der Niederschläge im Süden und Nordosten Österreichs, zugleich werden diese jedoch sehr heftig ausfallen.[135] Die wichtigsten Wintersportorte befinden sich im Westen Österreichs, jedoch sind für diesen Bereich keine eindeutigen Prognosen verfügbar. Regionale Klimamodelle sagen jedenfalls eine Zunahme der Starkniederschläge im Winter voraus, d.h. heftige Schneefälle über mehrere Tage. Von der jährlichen Niederschlagsmenge in den europäischen Alpen stammen ca. 40 % aus diesen extremen Niederschlägen, welche eine Fläche von mindestens 500 km² betreffen.[136]

---

[128] Vgl. Kromp-Kolb/Formayer 2005, S. 67.
[129] Vgl. ebenda, S. 72.
[130] Vgl. o.V., OÖN, 23.06.2007, S. 37.
[131] Vgl. Kromp-Kolb/Formayer 2005, S. 72.
[132] Vgl. Kromp-Kolb/Formayer 2001, S. 17.
[133] Vgl. Breiling 1997, S. 54.
[134] Vgl. ebenda, S. 36.
[135] Vgl. Naturfreunde Österreich 2004, S. 12.
[136] Vgl. Mayer 2000, S. 14 ff.

3.3.3 Schnee

Im Rahmen eines Schneemodells wurde von Breiling bei einer angenommenen Erwärmung um 2° C eine Verschiebung der Schneefallgrenze um 100 – 200 m nach oben ermittelt.[137] Momentan liegen die gefährdeten Wintersportorte auf einer Seehöhe von 575 m im Winter und 1.373 m im Frühling. Das bedeutet, bereits bei einem Temperaturanstieg um 1° C würden sich die sensiblen Regionen sodann im Winter auf 900 m und im Frühling auf 1.900 m befinden.[138] Schon bei einer Erwärmung um 1° C wird die durchschnittliche Dauer einer geschlossenen Schneedecke in einigen Regionen um 4 – 6 Wochen zurückgehen.[139] In ca. 90 % aller österreichischen Wintersportorte würde demnach ein Temperaturanstieg von 2° C die Wirtschaftlichkeit des Wintertourismus ernsthaft in Frage stellen.[140] Bis zum Jahr 2050 wird in den Alpen nur noch in Höhen über 1.500 m Wintersport möglich sein.[141]

3.3.4 Gletscherschwund

Die Prognosen zum Rückgang der Gletscher werden mit Unterstützung von Schneegrenz- bzw. Gleichgewichtslinien (GWL) Anstiegsszenarien erstellt. Um den Gletscherschwund aufgrund der Klimaerwärmung beurteilen zu können, benötigt man die Flächen-Höhenverteilung des Gletschers, die Höhenlage der GWL und das Verhältnis von Temperaturanstieg und GWL-Anstieg – ca. 0,6° C / 100 m. Das bedeutet, bei einer Erhöhung um 0,6° C wandert die GWL um 100 m nach oben.[142] Bereits in den vergangenen 20 Jahren ging die gesamte Gletscherfläche in den Alpen um 20 % zurück. Dieser Verlauf ist nicht mehr aufzuhalten. Als Konsequenz werden in den nächsten 30 Jahren 50 % der Alpengletscher endgültig verschwinden. Experten prognostizieren, dass bereits 2050 keine Gletscher mehr vorhanden sind.[143]

---

[137] Vgl. Breiling 1997, S. 47 f.
[138] Vgl. Mayer 1998, S. 26.
[139] Vgl. o.V., CIPRA INFO 61/2001, S. 4.
[140] Vgl. Kromp-Kolb/Formayer 2001, S. 26.
[141] Vgl. o.V., CIPRA INFO 61/2001, S. 7.
[142] Vgl. Abegg 1996, S. 143.
[143] Vgl. o.V., OÖN, 04.07.2007, S. 8.

3.4 Konsequenzen des Klimawandels für den Wintertourismus

In Österreich wird es im Wintertourismus aufgrund der hohen Anzahl an niedrig gelegenen Schigebieten im Vergleich zum gesamten europäischen Alpenraum, besonders gegenüber Frankreich und der Schweiz, zu noch größeren Benachteiligungen kommen.[144] Die SchifahrerInnen werden aufgrund der zunehmend unsicheren Schneeverhältnisse ihr Urlaubsverhalten überdenken. Sie werden kurzfristiger buchen, sich genau nach der Schneelage erkundigen und im Zweifelsfall in andere Schigebiete ausweichen.[145] Nachfolgend werden daher die Auswirkungen des Klimawandels auf den österreichischen Wintertourismus in überwiegend wirtschaftlicher Hinsicht erörtert.

3.4.1 Verlust eines wichtigen Wirtschaftsfaktors

Bei einem Temperaturanstieg von 1 – 2° C würde sich die Wintersaison um 20 – 40 Schneetage verkürzen. Bereits jetzt ist die Gesamtanzahl der Tage mit einer geschlossenen Schneedecke um 2 Wochen zurückgegangen. Die Konsequenzen für den Tourismus in Österreich wären dramatisch.[146] Höher gelegene Wintersporte im Westen Österreichs müssten zwar diese Saisonverkürzung hinnehmen, in Ober- und Niederösterreich sowie der Steiermark dürfte das Schifahren hingegen nahezu unmöglich werden. Durch die Verkürzung der Schisaison würden vor allem die hoch rentablen Perioden um Weihnachten und Ostern ausfallen, was überdurchschnittlich hohe Umsatzeinbußen bedeuten würde.[147]

Hinsichtlich des volkswirtschaftlichen Schadens durch den Rückgang des Wintertourismus kann pro 1° C Erwärmung ein Verlust von 0,5 % des BIP angesetzt werden. Bei Berücksichtigung der anderen Branchen, welche ebenfalls davon profitieren, können die gesamten Verluste 1 – 2 % des BIP pro 1° C Erwärmung betragen.[148] Erschwerend kommt hinzu, dass viele Regionen nahezu ausschließlich auf den Wintertourismus ausgerichtet sind. Das bedeutet, die gesamte regionale Volkswirtschaft

---

[144] Vgl. Abegg 1996, S. 50.
[145] Vgl. ebenda, S. 160.
[146] Vgl. Naturfreunde Österreich 2004, S. 12.
[147] Vgl. Abegg 1996, S. 50.
[148] Vgl. Breiling 1993, S. 5.

ist davon abhängig. Ein verspätetes Entwickeln von Alternativen kann hier gravierende Auswirkungen wie hohe Arbeitslosigkeit und in der Folge Landflucht haben.[149]

In der nachfolgenden Abbildung 16 sind die Wintersportregionen Österreichs und deren Sensibilität gegenüber einer angenommenen Erwärmung um 2° C bis zum Jahr 2050 veranschaulicht. Die Regionen i) und ii) sind bereits jetzt labil gegenüber Temperaturschwankungen und sollten sich langsam aber sicher Alternativen überlegen. In den Gebieten iii) und iv), wo eine starke Abhängigkeit vom Wintertourismus besteht, können Anpassungsmaßnahmen bis 2020 die Erwärmung abfangen. Danach wird es immer schwieriger werden. Einzig die Region v) ist klimatisch begünstigt, einzelne Adaptionen sind angebracht. Nach 2020 werden aber auch hier intensivere Maßnahmen erforderlich werden. Vom Klimawandel am meisten bedroht sind die Bezirke Kitzbühel, Kufstein, Liezen, Hermagor und Bregenz.[150]

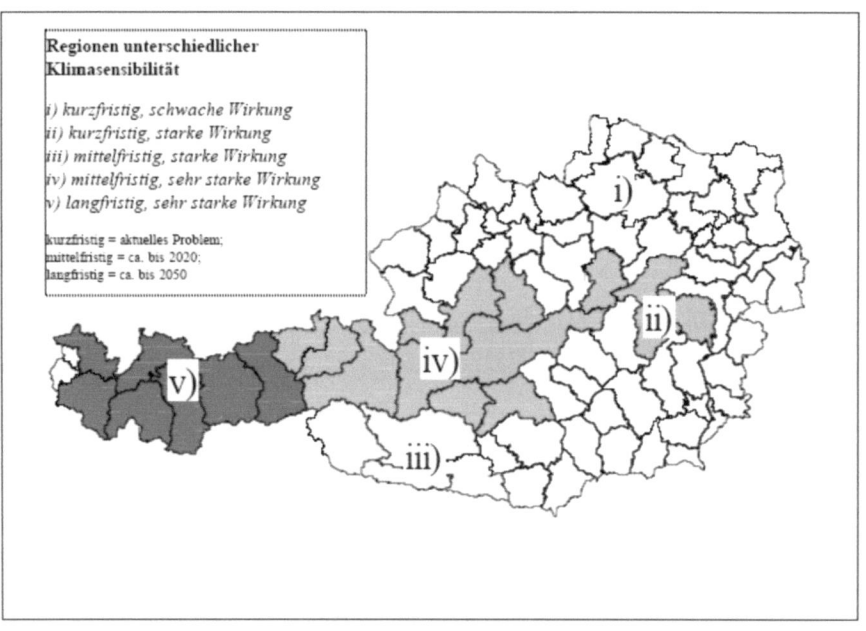

Abbildung 16: Regionale Beurteilung der Klimasensibilität
(Breiling 1997, S. 94)

Vor allem **Seilbahnunternehmen** werden die Leidtragenden dieser Entwicklung sein. Auch in der Vergangenheit konnte ein Zusammenhang zwischen den Umsätzen der Seilbahnwirtschaft und den Schneeverhältnissen in einer Wintersaison abgeleitet werden.[151] In der abgelaufenen Wintersaison 2006/07 verursachte der Schneeman-

---
[149] Vgl. Luef, Die Zeit, 30.11.2006, S. 1.
[150] Vgl. Breiling 1997, S. 95 ff.
[151] Vgl. Abegg 1996, S. 67.

gel Umsatzeinbußen in der Höhe von 7 % für die österreichische Seilbahnwirtschaft. Hauptverantwortlich dafür waren rückläufige Verkäufe von Tageskarten.[152] Bei den **Schischulen**, welche zweifelsohne extrem wetterabhängig sind, zeigt sich das gleiche Bild.[153]

Die **Beherbergungsbetriebe** werden zwar ebenfalls mit Einbußen zu rechnen haben, jedoch in weit geringerem Ausmaß. Dies ist darauf zurückzuführen, dass ein Teil der Gäste ohnehin nicht zum Schifahren kommt bzw. sich SchifahrerInnen als Alternative anderen Aktivitäten zuwenden.[154] Allerdings bedeutet die bereits jetzt eindeutig feststellbare Beziehung zwischen Nächtigungszuwachs und Seehöhe einen Vorteil für höher gelegene Wintersportorte, der sich in Zukunft noch verstärken wird.[155]

Händler für Wintersportartikel haben vor allem dann mit Umsatzschwierigkeiten zu kämpfen, wenn sich der Schnee zu Saisonbeginn nicht rechtzeitig einstellt. Aufgrund der Absage von Weltcuprennen und Saisoneröffnungen in den wichtigsten Wintersportorten fällt ein wesentlicher Werbefaktor weg, dadurch warten viele KundInnen mit dem Kauf ab.[156] Im schneearmen Winter 2006/07 gingen demzufolge laut Wirtschaftskammer die Absätze von Wintersportgeräten wie Schi und Snowboard bei SportartikelhändlerInnen und -herstellerInnen um bis zu 40 % zurück. Einige Sporthandelsketten mussten deswegen bis zu zweistellige Umsatzrückgänge verbuchen.[157] Am meisten gefährdet sind Sportgeschäfte in den Wintersportorten, welche bis zu 80 % ihres Jahresumsatzes während der Saison mit UrlauberInnen erwirtschaften.[158]

---

[152] Vgl. o.V., OÖN, 27.09.2007, S. 12.
[153] Vgl. Abegg 1996, S. 70.
[154] Vgl. ebenda, S. 68.
[155] Vgl. Bachleitner/Weichbold 2002, S. 222.
[156] Vgl. Abegg 1996, S. 75 f.
[157] Vgl. o.V., OÖN, 31.03.2007, S. 12.
[158] Vgl. Abegg 1996, S. 75 f.

3.4.2 Künstliche Beschneiung, Indoor-Schihallen

3.4.2.1 Beschneiungsanlagen

Die künstliche Beschneiung gilt als Allheilmittel bei ungenügender Schneesicherheit. Im Allgemeinen wird sie bei geringen Schneefällen und zwecks Saisonverlängerung verwendet.[159] Obwohl der Einsatz von Beschneiungsanlagen nur unter bestimmten klimatischen Bedingungen möglich ist (-5° C, 65 % Luftfeuchtigkeit optimal), wird deren Anzahl zukünftig massiv zunehmen. Zudem wird versucht werden, bei Temperaturen um den Gefrierpunkt bzw. unter Zuhilfenahme künstlicher Zusatzstoffe das künstliche Weiß zu produzieren.[160] Derartige Additive wie beispielsweise SNOMAX sind in Bayern und Österreich aufgrund ihrer ökologischen Auswirkungen verboten, während in der Schweiz und in Frankreich deren Verwendung erlaubt ist.[161] Einige Wirtschaftsverbände in Österreich drängen jedoch bereits auf dessen Freigabe.[162]

Der erste Antrag zur Freigabe von SNOMAX wurde 1997 in Tirol eingebracht, aber aufgrund des Fehlens von Langzeitstudien über die Auswirkungen von SNOMAX abgelehnt.[163] In Österreich werden dennoch Testflächen damit beschneit und im aktualisierten Regelblatt des ÖWAV für Beschneiungsanlagen wurde die Verwendung von Zusatzstoffen nicht mehr dezidiert ausgeschlossen. Erst nach heftigen Protesten wurde diese Passage wieder eliminiert. Dessen ungeachtet wird in der aktuellen ÖNORM M 6257 für Beschneiungsanlagen die Beifügung von derartigen Stoffen erlaubt. Offenbar bescheinigt eine aktuelle Studie der BOKU Wien die Unbedenklichkeit von SNOMAX.[164] Ungeachtet der Warnung, dass dessen Bakterien für Kinder mit der Krankheit Cystischer Fibrose überaus gefährlich sind.[165]

Ein Großteil der heimischen Schigebiete plant im Hinblick auf den Klimawandel einen Ausbau der bestehenden Anlagen. Im Jahr 2005 waren 45 – 50 % der gesamten Pistenfläche beschneibar, in Westösterreich waren es sogar 70 – 90 %.[166] Mit einer ge-

---

[159] Vgl. http://osiris.uba.de/gisudienste/Kompass/fachinformationen/tourismus.htm, Zugriff am 26.02.2007.
[160] Vgl. Abegg 1996, S. 167 f.
[161] Vgl. Baumann 2004, S. 9.
[162] Vgl. o.V., NÖWI, 30.03.2007, S. 24.
[163] Vgl. Huber, Echo 9/1999, S. 80 f.
[164] Vgl. Bayer, Salzburger Nachrichten, 12.01.2007, o.S.
[165] Vgl. o.V., Salzburger Nachrichten, 18.01.2007, o.S.
[166] Vgl. Baumgartner 2006, S. 3.

samten Anzahl von über 300 Beschneiungsanlagen verfügt Österreich über die meisten Anlagen im Alpenraum.[167]

Für die Wintersaison 2006/07 waren von Seiten der Seilbahnbetreiber Investitionen in der Höhe von 127 Mio. € vorgesehen, das bedeutet 1/4 der gesamten Investitionen wurden für den Ausbau der Beschneiungsanlagen veranschlagt.[168] Die notwendige Infrastruktur (Strom- und Rohrleitungen, Speicherteiche, etc.) erfordert Aufwendungen von rund 650.000 € pro Pistenkilometer.[169] Für die Erzeugung des Kunstschnees fallen Kosten bis zu 5 € je m³ Schnee an. In größeren Schigebieten werden pro Jahr 1 Mio. m³ Schnee maschinell hergestellt. Angesichts dieser Zahlen wird es für kleinere Schigebiete zunehmend problematischer, derartige Ausgaben zu finanzieren, um im Wettbewerb weiterhin bestehen zu können.[170] Demgemäß mehren sich Forderungen nach einer Kostenbeteiligung von öffentlicher und privater Seite.[171]

3.4.2.2 Schihallen

Die Errichtung von Indoor-Schihallen kann nur bedingt als wirkliche Alternative zum Schifahren in der freien Natur gesehen werden. Dennoch kann man nicht ausschließen, dass aufgrund des Klimawandels in Zukunft weitere Schihallen gebaut werden. Diese werden wie die heute bereits bestehenden eher in der Nähe von Großstädten als in Bergregionen angesiedelt.[172] Vordergründig sollen diese das Interesse für den Schisport an sich wecken. Darüber hinaus können vor allem in Ländern mit wenigen Möglichkeiten zum Schifahren die LeistungssportlerInnen diese für Trainingszwecke benützen. Durch die Zusammenarbeit mit Wintersportregionen sollen neue Kundenschichten direkt vor Ort angesprochen werden.[173] Die Salzburger Tourismusorganisation hat sich aus diesem Grund zu Werbezwecken an Europas größter Schihalle im deutschen Ruhrgebiet beteiligt.[174]

---

[167] Vgl. http://www.alpenverein.at/naturschutz/Alpine_Raumordnung/Beschneiung/index.shtml?navid=6, Zugriff am 31.07.2007.
[168] Vgl. http://www.seilbahnen.at/presse/presseaussendungen/pr/2007-04-18_kundenzufriedenheitws07, Zugriff am 30.07.2007.
[169] Vgl. Luef, Die Zeit, 30.11.2006, S. 2.
[170] Vgl. http://oe1.orf.at/highlights/52455.html, Zugriff am 26.02.2007.
[171] Vgl. Sauer, ff 01/2007, S. 39.
[172] Vgl. Abegg 1996, S. 155.
[173] Vgl. Deutsche Sporthochschule Köln 2005, S. 57.
[174] Vgl. Bauernberger 2002, S. 433 f.

Der Vorteil von Schihallen besteht darin, dass sie unabhängig von der Wetterlage und mit kurzen Anfahrtswegen ganzjährig besucht werden können. Die hohen Kosten, welche normalerweise bei einem Schiurlaub anfallen (Ausrüstung, Unterkunft, etc.) und für viele nicht leistbar sind, werden ebenfalls stark reduziert. Meist beinhalten derartige Anlagen eine ganze Palette an Freizeit- und Vergnügungsmöglichkeiten.[175] Dennoch stehen Schihallen immer im Konkurrenzkampf mit anderen Freizeitangeboten, welche in der freien Natur ausgeübt werden. Nur durch ständige Produktinnovationen, Abhaltung von verschiedenen Veranstaltungen und attraktive Pauschalangebote wird ein dauerhafter Erfolg erreichbar sein.[176]

3.4.3 Erhöhte Gefahr von Naturkatastrophen

Die Ausgaben des Bundes für präventiven Katastrophenschutz werden in den nächsten Jahrzehnten massiv ansteigen. Aktuell wurde für das Jahr 2008 der österreichische Katastrophenfonds für vorbeugende Schutzmaßnahmen auf 160 Mio. € aufgestockt.[177] Eine Verzehnfachung der heutigen Katastrophen im Falle einer Verdoppelung der CO_2-Konzentration erscheint nicht abwegig. Bis zum Jahr 2040 könnten dadurch Kosten in der Höhe von 3,2 % des BIP für diesen Bereich erforderlich sein.[178]

Das vermehrte Auftreten von Naturkatastrophen wird tief greifende Konsequenzen für den Tourismus in Österreichs Alpen haben:
- Rückgang der Bettenanzahl aufgrund von Schließung gefährdeter Unterkünfte
- Einschränkung touristischer Aktivitätsräume
- Ausbleiben der InvestorInnen für touristische Objekte
- Rückgang der Übernachtungszahlen aufgrund der erhöhten Gefahr[179]

3.4.3.1 Rückgang von Schutzwäldern

Seit 1985 verschlechtert sich der Zustand der Wälder im Alpenraum zunehmend. Der Anteil der Bäume mit über 25 % Kronenverlichtung stieg seitdem von 7 auf 30 %. Der

---

[175] Vgl. Haimayer 2003, S. 17.
[176] Vgl. Deutsche Sporthochschule Köln 2005, S. 57.
[177] Vgl. o.V., OÖN, 21.04.2007, S. 38.
[178] Vgl. Breiling 1993, S. 7.
[179] Vgl. Müller 2003, S. 127.

Bergwald war von dieser Schädigung noch stärker betroffen, da dieser aufgrund seiner Lage sehr intensiv den Luftschadstoffen ausgesetzt war.[180] Die Folgen der Klimaerwärmung sind schon jetzt für die WaldbesitzerInnen erkennbar. Das Waldbild verändert sich durch die ansteigenden Temperaturen, die Vegetationsgrenze verschiebt sich nach Norden und die Waldgrenze nach oben. Die Prognosen besagen außerdem die Bedrohung der jahrhundertealten Schutzwälder mit Schädlingen.[181] Ein weiteres Problem ist die aufwendige Pflege des Schutzwaldes. WaldbesitzerInnen sind häufig wirtschaftlich und technisch nicht imstande, diese ausreichend durchzuführen.[182] Als Folge dieser Waldschäden ist eine verringerte Schutzfähigkeit des Waldes gegeben.

3.4.3.2 Auftauen von Permafrost

Durch die Klimaerwärmung kommt es zu einem teilweisen Auftauen des alpinen Permafrosts, darunter versteht man dauerhaft gefrorene Böden. Dadurch werden die bisher vom Eis gebundenen Geröllschichten gelockert.[183] Die Permafrostgrenze in den Alpen wanderte in den letzten 100 Jahren um 150 – 200 m nach oben. Im Falle einer Erwärmung der Permafrostböden um 1 – 2° C in den nächsten 50 Jahren wird mit einem weiteren Anstieg um 200 – 750 m gerechnet.[184] Als Konsequenz würde die Mehrheit der Permafrostbereiche in den Alpen unterhalb von 3.000 m Seehöhe bis zu diesem Zeitpunkt geschmolzen sein. Diese Entwicklung ist äußerst relevant für die Beurteilung zukünftiger Naturgefahren.[185] In Abbildung 17 ist die Temperaturentwicklung des Permafrosts in 11,6 m Tiefe des Gletschers von Murtèl/Corvatsch (CH) dargestellt. Zwischen 1987 und 1994 erwärmte sich dieser um mehr als 1° C. Seit 1997 sind die Werte weitgehend gleich geblieben.[186]

---

[180] Vgl. ebenda, S. 127.
[181] Vgl. http://ooe.orf.at/stories/167348/, Zugriff am 01.08.2007.
[182] Vgl. http://www.salzburg.gv.at/themen/lf/forstwirtschaft/schutzwald/schutzwaldverbesserung.htm, Zugriff am 01.08.2007.
[183] Vgl. Behm 2006, S. 40.
[184] Vgl. o.V., CIPRA INFO 61/2001, S. 4.
[185] Vgl. Mayer 1998, S. 20.
[186] Vgl. Nauser, Umwelt 1/02, 2002, S. 25.

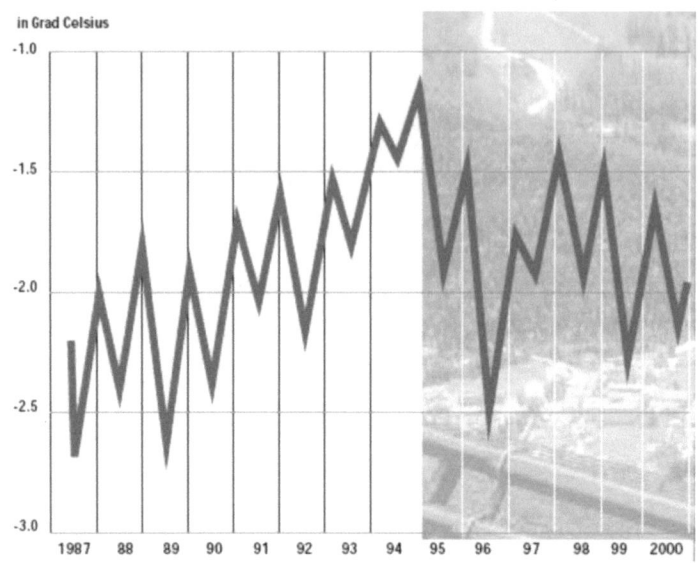

Abbildung 17: Permafrost-Temperaturen am Murtèl/Corvatsch
(Nauser, Umwelt 1/02, 2002, S. 25)

Zukünftig wird es vor allem im Sommer zu Felsstürzen kommen.[187] Die auffallend hohe Anzahl an Felsstürzen im Hitzesommer 2003 ist ein starkes Indiz für diesen Trend.[188] Die Ursachenforschungen nach dem Hochwasser im Sommer 1987 kamen zu dem Schluss, dass die Hälfte aller Gerinnenmurenabgänge durch Permafrostgebiete oder Gletscherschwund ausgelöst wurden.[189]

Weiters haben viele Bauwerke wie Liftanlagen oder Schutzhütten ihr Fundament im Permafrost verankert. Hier würde ein Rückgang des Permafrosts verheerende Folgen für deren Standfestigkeit haben.[190] In Österreich musste beispielsweise im Jahr 2002 für das Observatorium am Sonnblick eine aufwendige Stabilisierung mittels Stahlankern und Betonbalken durchgeführt werden, welche Kosten in der Höhe von 600.000 € verursachte. Durch das Ansteigen der Permafrostgrenze wurde das Gestein locker. Dies hätte die darauf befindlichen Gebäude ohne Gegenmaßnahmen eines Tages in ernsthafte Gefahr gebracht.[191] Auch die Erzherzog-Johann-Hütte am Großglockner musste aus diesem Grund abgesichert werden.[192]

---

[187] Vgl. Behm 2006, S. 52.
[188] Vgl. http://www.geo.unizh.ch/~jnoetzli/downloads/geoforum20_noetzli.pdf, S. 2, Zugriff am 31.07.2007.
[189] Vgl. Mayer 1998, S. 20.
[190] Vgl. Behm 2006, S. 52.
[191] Vgl. Lagler, Die Presse, 11.08.2006, o.S.
[192] Vgl. http://www.dywidag-systems.at/Referenzen/pdf/DSI_Markets_grossglockner.pdf, Zugriff am 01.08.2007.

3.4.3.3 Gletscherschwund

Der bereits zuvor als Folge des Klimawandels geschilderte Gletscherschwund beinhaltet ebenfalls ein hohes Gefahrenpotential. Nämlich dann, wenn nach dem Abschmelzen der Gletscher so genannte Gletscherseen übrig bleiben. Diese können durch Starkniederschläge ausbrechen und die darunter liegenden Täler überfluten. Im europäischen Alpenraum war dies bereits in der Schweiz der Fall.[193] Das rasche Abschmelzen der Gletscher legt überdies Felsflanken und große Schutthalden frei. Auch in diesem Fall kann bei Starkregen das gelockerte Gestein als Murenabgänge und Erdrutsche abgehen.[194] Im Juli 2006 donnerten riesige Gesteinsmassen von der Ostseite des Eiger (CH) in die Tiefe. Experten machten das abschmelzende Wasser des dortigen Grindelwald-Gletschers für dieses Ereignis verantwortlich.[195]

Große europäische Flüsse wie Rhein, Rhône und Po haben ihren Ursprung in Gletscherregionen. Bereits heute sind deren Abflüsse stark angestiegen. Die Gletscherschmelze begünstigt somit das Auftreten von Hochwasserereignissen. Besonders im Frühling, zum Zeitpunkt der Schneeschmelze, ist künftig noch häufiger damit zu rechnen.[196] Aber auch im Sommer können Gletscher die Gefahr von Hochwässern potenzieren. Die vorübergehende Speicherung von Niederschlägen in Form von Schnee wird durch das Ansteigen der Frostgrenze reduziert. Treffen nun an einem heißen Sommertag stark erhöhte Mengen an Schmelzwasser und Gewitterniederschlägen zusammen, führt dies zu einer Überlagerung der Wassermengen und damit zu Überschwemmungen im Einzugsgebiet der Abflüsse.[197]

3.4.3.4 Lawinen

Starke Schneefälle mehrere Tage hindurch, Wind, labile Schneeschichten, eine hohe Schneedecke und ein abrupter Temperaturanstieg – diese Faktoren gemeinsam beinhalten ein gefährliches Potential zur Entstehung großer Lawinenkatastrophen. Die Analyse von 20 schweren Lawinenabgängen der letzten hundert Jahre ergab, dass in fast allen Fällen feuchtkühle Luftmassen aus Nordwesten und heftiger Wind für enorme Neuschneemengen, welche schließlich die Katastrophen auslösten, verant-

---

[193] Vgl. Kromp-Kolb/Formayer 2005, S. 102.
[194] Vgl. Greenpeace 2006, S. 14.
[195] Vgl. ebenda, S. 4.
[196] Vgl. Katzmann 2007, S. 38.
[197] Vgl. Österreichischer Alpenverein 2005, S. 45.

wortlich waren. Aber auch Hochdruckwetterlagen und Südföhn erhöhen die Wahrscheinlichkeit für Lawinenabgänge. Insgesamt kann festgehalten werden, dass in jenen Wintern mit einer erhöhten Lawinenaktivität gleichzeitig hohe Niederschlagsmengen zu verzeichnen waren.[198]

Ein konkreter Zusammenhang zwischen klimatischen Veränderungen und Lawinen ist nicht herstellbar. Eine Zunahme der Wetterextreme wie etwa starke Schneefälle innerhalb kurzer Zeit wird jedoch das vermehrte Auftreten von Lawinen mit sich bringen. Insbesondere Schadenlawinen, welche aus Schneebrettern entstehen und beim Abgang auch Staublawinen auslösen, werden häufiger der Fall sein.[199]

Die Entwicklung von Temperatur und Niederschlägen lassen für die Zukunft eine höhere Anzahl an Lawinenabgängen in höheren Lagen (über 1.500 m) als wahrscheinlich erwarten. Prognosen für einzelne Regionen im Alpenraum lassen sich nur sehr schwer ableiten, da auch andere Faktoren wie die Entwicklung der Schneedecke eine wichtige Rolle spielen. Eine Erweiterung der Lawinenschutzbauten im gesamten Alpenraum erscheint als zu kostspielig und ist überdies nicht überall durchführbar. Daher wäre eine verbesserte Voraussage von Lawinenkatastrophen jedenfalls vorzuziehen.[200]

3.4.3.5 Murenabgänge

Prinzipiell sind Murenabhänge in allen Höhenlagen möglich. Eine ernstzunehmende Gefahr für Siedlungen stellen die so genannten Gerinnenmurenabgänge dar, welche nur innerhalb von Gerinnen und bei bereits bestehenden Abflüssen (z.B. Bäche, Flüsse), abgehen. Die Abhängigkeit der Murenabgänge von Klimaänderungen ist nicht definitiv belegbar, da diese neben meteorologischen auch von geologischen Faktoren beeinflusst werden.[201] Auffällig ist für KlimaforscherInnen demgegenüber die Zunahme von extremen Wetterlagen im Alpenraum seit Mitte der 80er Jahre. Eine Schweizer Analyse ergab, dass sich die Häufigkeit von Starkniederschlägen, welche durchschnittlich einmal im Monat auftreten, in den letzten 100 Jahren erhöht hat.[202]

---

[198] Vgl. Mayer 2000, S. 23 f.
[199] Vgl. Behm 2006, S. 51.
[200] Vgl. Mayer 2000, S. 26 ff.
[201] Vgl. Mayer 1998, S. 21.
[202] Vgl. o.V., CIPRA INFO 61/2001, S. 5.

Speziell Bergregionen gehören zu den anfälligsten Regionen für derartige Extremwetterereignisse, welche in der Folge Hochwasser und Muren auslösen.[203]

3.4.4 Neues Image für österreichischen Wintertourismus

Das jahrzehntelang vermittelte Bild vom schneereichen Winter in den Bergen ist nach wie vor der Beweggrund für alle Altersgruppen, ihren Winterurlaub in Österreich zu verbringen.[204] Dies geht auch aus einer Befragung von UrlauberInnen durch die Österreich Werbung im Jahr 2005 hervor (siehe Tabelle 1 – Mehrfachantworten)

Landschaft	68 %
Attraktivität des Schigebiets	62 %
Erholungsmöglichkeiten	61 %
Gute Erfahrung in der Vergangenheit	58 %
Hotels/Unterkünfte	54 %
Schneesicherheit	52 %
Freundlichkeit der Bevölkerung	51 %
Preis-Leistungs-Verhältnis	49 %
Gastronomisches Angebot	49 %
Nähe, Erreichbarkeit	40 %
Unterhaltungsangebot	39 %

Tabelle 1: Top-10-Gründe für Winterurlaub in Österreich
(Michl 2005a, S. 14)

Die Tourismuswerbung vermittelt den Eindruck der Freiheit und Grenzenlosigkeit, Winter in Österreich ist zugleich alpines Schifahren. Diese Fokussierung des Wintertourismus in Österreichs Alpen verursacht eine große Abhängigkeit von den Schneeverhältnissen.[205] Trotz der aktuellen Diskussionen um den Klimawandel sehen viele Verantwortliche noch immer keinen Handlungsbedarf. Doch geänderte Rahmenbedingungen (Wetterextreme, neue Ansprüche der UrlauberInnen) werden zukünftig eine Umorientierung zwingend notwendig machen. Die Entwicklung von innovativen, wetterunabhängigen Konzepten kann schließlich nur mittels Kooperation der gesamten Fremdenverkehrswirtschaft funktionieren.[206]

In diesem Bereich könnte die Tourismusbranche zum Trendsetter avancieren. Die Ausarbeitung von attraktiven Alternativangeboten im Winter kann beispielgebend für

---
[203] Vgl. Frey, CIPRA INFO 80/2006, S. 4.
[204] Vgl. Luger/Rest 2002, S. 29 ff.
[205] Vgl. Baumgartner 2006, S. 1 ff.
[206] Vgl. o.V., OÖN, 28.03.2007, o.S.

die gesamte Reiseindustrie sein und mittelfristig die Umorientierung der UrlauberInnen bewirken.[207] Auf diese Weise könnte gleichzeitig das eigentliche Problem des österreichischen Tourismus in Angriff genommen werden – wir haben im Ausland kein klares, greifbares Image. In den letzten 15 – 20 Jahren wurde der Slogan so oft geändert, dass potentielle Gäste nicht mehr wissen, was sie überhaupt in Österreich erwartet. Der Aufbau eines prägnanten Image bzw. einer echten Dachmarke hat daher oberste Priorität.[208]

Visionäre TouristikerInnen haben erkannt, dass die Segmentierung des Tourismus nach Saisonen in Sommer- und Wintertourismus nicht mehr zeitgemäß ist. Vielmehr sollen einerseits die Urlaubsregionen an sich (Destinationsmarketing) und andererseits die einzelnen Urlaubsthemen (Outdoor/Sport, Kultur, Geschäfts- und Gesundheitstourismus) vermarktet werden.[209] Eine klare Spezialisierung kann die Urlaubsentscheidung wesentlich beeinflussen.[210] Obwohl einige Wintersportorte zwischenzeitlich Alternativen zum Schifahren anbieten, werden die wesentlichen Knackpunkte nicht beseitigt. Eine Erweiterung der Angebote um schneeunabhängige Sportarten und kulturelle Angebote; Abbau der Schilifte in tiefen Lagen und vor allem Einsatz der Fördermittel für Investitionen, welche sich auch in schneeärmeren Zeiten rentieren.[211]

Zukünftig werden also für die UrlauberInnen sowohl die Positionierung als auch passende Zusatzangebote immer mehr an Bedeutung gewinnen.[212] Nachstehend werden 3 mögliche Angebotstypen vorgestellt, wie Wintersportorte angesichts dieser Tatsache reagieren oder im Optimalfall beizeiten agieren können. Das Hauptaugenmerk liegt hier nicht zwangsläufig auf Schifahren sondern auf dem alpinen Standort. Die Schneesicherheit ist zwar für einige Sportarten nach wie vor ein Kriterium. Im Vordergrund stehen jedoch flexible Alternativen, Erlebnisse und persönlichen Beziehungen zum Urlaubsort.

- ***Diversifizierung für die Masse***: Clubferien für MassentouristInnen, exklusive Pakete für internationale TagestouristInnen

---

[207] Vgl. Neuhäuser, CIPRA INFO 80/2006, S. 7.
[208] Vgl. Schuhmann, OÖN, 20.06.2007, S. 10.
[209] Vgl. Polaczek, FM 3/2002, o.S.
[210] Vgl. o.V., OÖN, 31.03.2007, S. 10.
[211] Vgl. Baumgartner 2006, S. 5.
[212] Vgl. o.V., OÖN, 28.03.2007, o.S.

- *Spezialisierung des touristischen Angebots*: Sport- und Kongresszentren
- *Tourismus als Ergänzung zu anderen Wirtschaftszweigen*: Nische für kleine Tourismusorte (Erlebnisausflug für TagestouristInnen, Urlaub bei Freunden)[213]

3.4.5 Konzentration auf höher gelegene Schigebiete

Durch den Anstieg der Schneefallgrenze aufgrund der Klimaerwärmung würde sich der Wintersport auf die hoch gelegenen Schigebiete verlagern und dort räumlich weitere Überbelastungen verursachen. Aber auch bei diesen wird vermutlich die Abfahrt bis in Tal nicht immer möglich sein und sich zudem die Saisondauer verkürzen.[214] Der Nachteil der hochgelegenen Gebiete sind die sehr viel strengeren Wetterbedingungen (Wind, Kälte), darüber hinaus ist auch die Gefahr von Lawinenabgängen tendenziell höher. Diese Faktoren können den Schibetrieb wiederholt beeinträchtigen.[215]

In der nachfolgenden Abbildung 18 sind Österreichs Wintersportbezirke und ihre jeweilige Saisonlänge zu sehen. In Bezirken der Gruppe 3 (ausreichend lang) wie z.B. St. Johann/Pongau und Zell/See wird die Erwärmung erst später Auswirkungen haben. Zu Beginn wird eine Zunahme des Wintertourismus aufgrund der höheren Lage erwartet. Die Bezirke der Gruppe 4 (langfristig sicher) wie z.B. Innsbruck, Landeck oder Spittal/Drau werden zu den Gewinnern zählen. Dort wird bei gleich bleibender Nachfrage eine massive Übernutzung der bestehenden Schigebiete entstehen.[216]

---

[213] Vgl. Brandner 1995, S. 159 ff.
[214] Vgl. Müller 2003, S. 157.
[215] Vgl. Abegg 1996, S. 164.
[216] Vgl. Breiling 1997, S. 86.

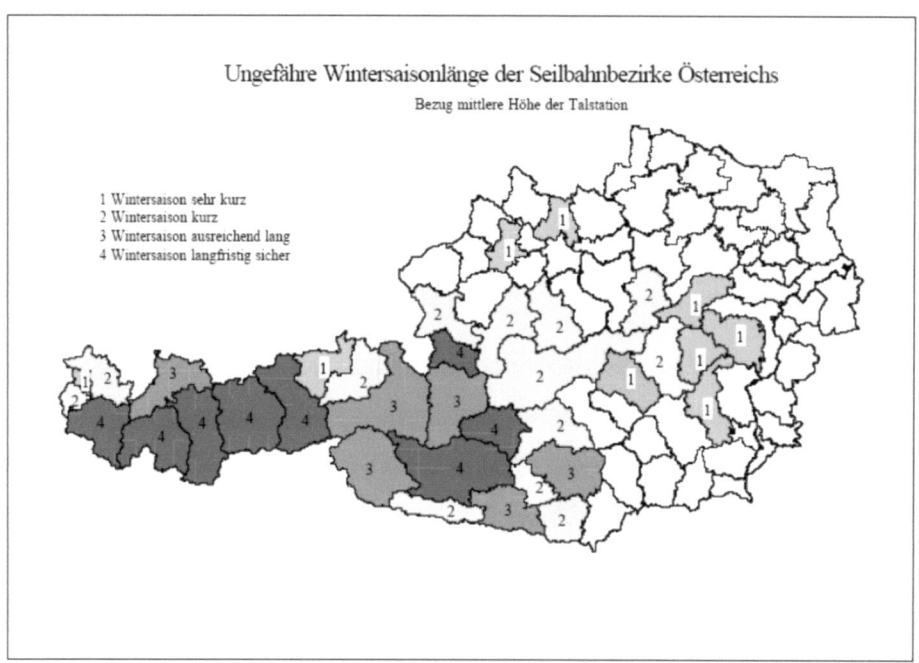

Abbildung 18: Wintersaisonlänge der Seilbahnbezirke Österreichs
(Breiling 1997, S. 84)

Jene Wintersportorte, in denen Schifahren am Gletscher möglich ist, werden von dieser Konzentration ebenfalls stark betroffen sein. Der Ansturm auf die Hochgebirgsregionen wird deutlich zunehmen. Die Pläne zur Erweiterung bestehender Schigebiete nach oben und die Erschließung weiterer Gletscher zum Schifahren weisen in diese Richtung.[217] Ein bezeichnendes Negativbeispiel für diese Tendenz ist der Bau einer Seilbahn auf den Milibachgletscher (CH) in 3.000 m Seehöhe. Von öffentlicher Seite wurden nur wirtschaftliche Aspekte berücksichtigt. Die Vetos der NaturschützerInnen, wonach dieser nach Süden ausgerichtete Gletscher schmelzen wird, wurden ignoriert. Bereits 1 Jahr nach Eröffnung konnte die Schisaison wegen Schneemangels nicht pünktlich beginnen. Somit hatten die KritikerInnen Recht behalten.[218]

Das Abschmelzen der Gletscher wird auch Auswirkungen auf den Schibetrieb mit sich bringen. Schon jetzt müssen Liftstützen, welche vorher auf vergletschertem Boden standen, inzwischen aber auf eisfreiem Untergrund, neu gesichert werden.[219] Im Kampf gegen den Gletscherschwund decken einige Wintersportorte neuerdings ihre

---

[217] Vgl. Abegg 1996, S. 151 f.
[218] Vgl. o.V., CIPRA INFO 81/2006, S. 15.
[219] Vgl. Abegg 1996, S. 145.

Pisten am Gletscher den Sommer über mit Folien ab. Die verwendeten Vliese sollen vor Sonneneinstrahlung schützen und so das Abschmelzen verhindern. Im Schweizer Graubünden wurde auf diese Weise eine Fläche von 100.000 m² verhüllt.[220] Auch auf der Zugspitze (D) wurden 9.000 m² vorübergehend abgedeckt. Der Erfolg derartiger Maßnahmen wird von ExpertInnen stark bezweifelt, da die Schutzfolie das Schmelzen nicht stoppen kann. Viele sehen darin auch eine unnötige Zeit- und Geldvergeudung, weil nur die Flächen für den Wintersport geschützt werden.[221]

3.4.6 Wechsel der UrlauberInnen in schneesichere Gebiete im Ausland

In Anbetracht der immer schwieriger werdenden Situation für den Wintertourismus im Alpenraum infolge des Klimawandels steigt die Attraktivität von bisher wenig erschlossenen Schigebieten im Ausland für ReiseveranstalterInnen und InvestorInnen. Insbesondere in Osteuropa, aber auch in der Türkei und dem Kaukasus werden neue Standorte aufgebaut.[222] In **Bulgarien** wurden in den letzten Jahren bei den bestehenden Schigebieten Borovets, Pamporovo und Bansko groß angelegte Expansions- und Modernisierungsmaßnahmen durchgeführt. Bis zum Jahr 2010 soll die Bettenkapazität dieser 3 Wintersportorte um mehr als 13.000 Betten aufgestockt werden. Hervorstechend ist die Entwicklung in Pamporovo, wo sich zwischen 1990 und 2007 die Anzahl der Gästebetten von 5.000 auf 16.000 verdreifachte.[223]

Hauptsächlich sind britische InvestorInnen aufgrund der äußerst niedrigen Grundstückspreise an Bulgarien interessiert. Gesetzliche Vorschriften werden in diesen Ländern des ehemaligen Ostblocks nicht immer so genau genommen. Der Ausbau der Schiregion in Bansko erfolgte illegal zu Lasten eines angrenzenden Naturschutzgebietes.[224] Inzwischen verfügt dieses Schigebiet über das größte vollautomatische Beschneiungssystem Mitteleuropas. Seit dem Jahr 2000 wurden 9 der 12 Seilbahnanlagen mit einer Beförderungskapazität von 19.000 Personen / Std. errichtet. Die Bettenanzahl stieg von ein paar hundert im Jahr 2002 auf 6.500, hauptsächlich in der gehobenen Kategorie. Weitere Investitionen für die Erschließung höherer Lagen in

---

[220] Vgl. o.V., CIPRA INFO 81/2006, S. 8.
[221] Vgl. o.V., OÖN, 26.05.2007, S. 4.
[222] Vgl. Thiebault, CIPRA INFO 81/2006, S. 13.
[223] Vgl. http://www.isr.at/index.cfm/id/20920, Zugriff am 30.07.2007.
[224] Vgl. Thiebault, CIPRA INFO 81/2006, S. 13.

Bansko sind in Planung. Bereits jetzt kommen 250.000 TouristInnen aus England, Deutschland und den Beneluxstaaten pro Jahr zum Schifahren.[225]

In der **Türkei** wird ebenso die Erschließung von zahlreichen Wintersportorten forciert. Fast alle diese Schigebiete liegen am Rande oder mitten in Nationalparks. Weiters befinden sich alle Anlagen in niedriger Höhe, keine einzige liegt über 2.300 m. Das bedeutet, auch hier wird mit den Folgen der globalen Erwärmung zu kämpfen sein.[226] Für das Kaukasusgebirge holte man in **Aserbaidschan** alte Pläne aus der Schublade. Dort gibt es bis dato keinen einzigen Ort mit Beförderungsanlagen zum Schifahren. Daher wurde eine französische Firma mit dem Bau einer großen Schidestination nach einem Modell aus den 70er Jahren beauftragt. Dieses war damals in Frankreich weit verbreitet, wird aber heute immer mehr in Frage gestellt.[227]

---

[225] Vgl. http://www.isr.at/index.cfm/id/20920, Zugriff am 30.07.2007.
[226] Vgl. Thiebault, CIPRA INFO 81/2006, S. 13.
[227] Vgl. ebenda.

4 Anpassungsstrategien für den alpinen Wintertourismus im Sinne einer nachhaltigen Entwicklung

Die Auswirkungen des Klimawandels im österreichischen Alpenraum erfordern Maßnahmen zur Förderung eines nachhaltigen Wintertourismus sowohl seitens der Politik und NGO's als auch der Verantwortlichen im Tourismus. Zu Beginn dieses Kapitels werden wesentliche Grundbegriffe in Bezug auf Nachhaltigkeit erläutert. Im Anschluss erfolgt die Erörterung von wesentlichen Aufgabenbereichen der EntscheidungsträgerInnen. Abschließend wird ein Praxisprojekt für sanfte Mobilität vorgestellt.

4.1 *Der Begriff der Nachhaltigkeit*

Im Rahmen des Umweltgipfels von Rio im Jahr 1992 wurde der Begriff der Nachhaltigkeit im so genannten Brundtland-Report der UNO definiert als „sustainable development is development that meets the needs of the present without compromising the ability of future generations to meet their own needs".[228] Die Nachhaltigkeit soll in **ökologischer, ökonomischer, sozialer und kultureller Hinsicht** ausgewogen sein. Krippendorf und Müller haben sie definiert als „Zunahme der Lebensqualität – d.h. des wirtschaftlichen Wohlstandes und des subjektiven Wohlbefindens – die mit geringerem Einsatz an nicht vermehrbaren Ressourcen sowie einer abnehmenden Belastung der Umwelt und der Menschen erzielt wird".[229]

4.2 *Nachhaltigkeit im Tourismus*

Im Rahmen der Agenda 21, welche 1992 anlässlich des Umweltgipfels in Rio verabschiedet wurde, wurde auch der Begriff des nachhaltigen Tourismus näher erörtert. Er soll alle Elemente der Nachhaltigkeit beinhalten und langfristig ausgerichtet sein.[230] Streng genommen müsste die Definition „Tourismus auf dem Weg zu einer nachhaltigen Entwicklung" lauten, da Nachhaltigkeit alle Wirtschafts- und Lebensbe-

---

[228] http://www.unesco.org/education/tlsf/TLSF/theme_a/mod02/uncom02t02.htm, Zugriff am 27.07.2007.
[229] Müller 2003, S. 31 ff.
[230] Vgl. http://www.bfn.de/0323_iye_nachhaltig.html, Zugriff am 20.02.2007.

reiche betrifft und nicht nur den Tourismus.[231] Somit sind ganzheitliche, nicht nur partielle Strategien erforderlich, welche die wechselseitigen Beziehungen der gesamten Wirtschaft und nicht nur eines Wirtschaftssektors mit Umwelt und Gesellschaft beinhalten.[232] Die nachfolgende Abbildung 19 veranschaulicht die wesentlichen Eckpfeiler eines nachhaltigen Tourismus:

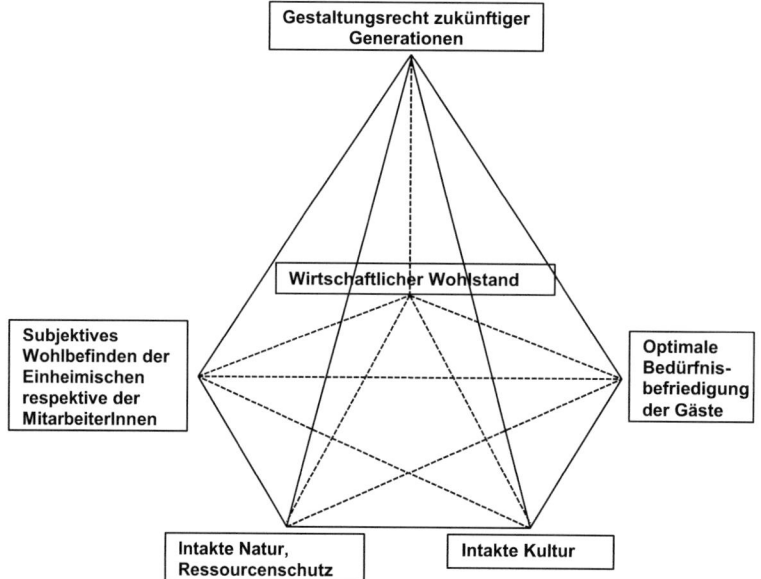

Abbildung 19: Elemente des nachhaltigen Tourismus
(http://www.rali.boku.ac.at/fileadmin/_/H855-raumplanung/materialien/
touristische_rpl/organisation05.ppt, S. 6, Zugriff am 20.02.2007)

Das Prinzip des nachhaltigen Tourismus bedeutet für den Wintertourismus im ökologisch sensiblen Alpenraum, dass dessen Entwicklung nicht auf Kosten der wichtigsten Ressourcen Landschaft und langfristige ökologische Stabilität stattfinden darf. Diese Forderung ist auch im Teil 13 der Agenda 21 festgehalten.[233] Eine große Herausforderung besteht für den Schitourismus in den unterschiedlichen Lebenszyklen von Ökonomie und Ökologie. Die Planungshorizonte für Investitionsvorhaben werden immer kürzer, währenddessen die natürliche Wachstumsperiode unverändert bleibt. So beträgt etwa im kurzfristigen Bereich die Rechnungsperiode eines Bauunternehmers 1 - 2 Jahre, die Begrünung einer Planierung dauert jedoch 2 - 5 Jahre.[234]

---

[231] Vgl. http://www.rali.boku.ac.at/fileadmin/_/H855-raumplanung/materialien/touristische_rpl/
organisation05.ppt, S. 6, Zugriff am 20.02.2007.
[232] Vgl. Bätzing 2002, S. 189.
[233] Vgl. Brandner 1995, S. 152.
[234] Vgl. ebenda, S. 154.

Eine einheitliche Gestaltung von nachhaltigem Schitourismus erscheint aufgrund der Divergenz der vielen Standpunkte und ungenügendem Fachwissen der Beteiligten ein schwieriges Unterfangen. Einige Schigebiete haben bisher Programme (z.B. Qualitätsnormen) für mehr Umweltfreundlichkeit initiiert. Anderswo wurde wiederum die Beseitigung sozialer Missstände (z.B. Situation der SaisonarbeiterInnen) in Angriff genommen. Um jedoch eine nachhaltige Entwicklung in ihrer Gesamtheit zu ermöglichen, sind überregionale Anstrengungen erforderlich. Auch im Hinblick auf die Entstehung neuer Schiregionen in Osteuropa, welche den Verbrauch der natürlichen Rohstoffe noch weiter beschleunigen, bedarf es eines koordinierten Vorgehens.[235]

4.2.1 Strategien

Die Umsetzung eines nachhaltigen Tourismus auf allen Ebenen ist sehr komplex. Häufig erscheint es sehr hilfreich, sich für jede Dimension an **„Best-Practise-Modellen"** zu orientieren. Bei der Planung von Maßnahmen im Bereich der soziokulturellen Dimension, welche die Zufriedenheit von Bevölkerung und MitarbeiterInnen umfasst, könnte das Pilotprojekt „KäseStraße Bregenzerwald" als Vorbild herangezogen werden. Dadurch wurden in der Region zahlreiche Arbeitsplätze gesichert und neue geschaffen.[236] In diesem Zusammenhang gilt es zu beachten, dass diese Modelle nicht einfach unverändert übernommen werden können. Aufgrund der unterschiedlichen, regionalspezifischen Verhältnisse muss jede Fremdenverkehrsregion ein eigenes, auf ihre individuellen Bedürfnisse abgestimmtes Konzept entwerfen.[237]

Anlässlich der eKonferenz über Bergtourismus auf Gemeindeebene im Frühjahr 1998 wurden 74 Fallstudien aus Berggebieten erörtert. Aus den Ergebnissen dieser Konferenz konnten wesentliche Schlussfolgerungen für einen nachhaltigen Tourismus in Berggebieten gezogen werden. Die wichtigste Kernaussage ist sicherlich jene, dass **Tourismus nicht die einzige Lebensgrundlage** einer Gemeinde, sondern nur eine weitere Einnahmequelle, sein kann.[238] Im Idealfall kann der Tourismus als „Zugpferd" für vernetzte Aktivitäten der einzelnen lokalen Wirtschaftszweige (Landwirtschaft, Handwerk, Gewerbe, andere Dienstleistungen, etc.) dienen.[239]

---

[235] Vgl. Gerbaux, CIPRA INFO 81/2006, S. 14.
[236] Vgl. Baumgartner 2002a, S. 324 ff.
[237] Vgl. Bätzing 2002, S. 189.
[238] Vgl. Price 2002, S. 50 f.
[239] Vgl. Bätzing 2002, S. 189.

Weiters sollen sowohl die Tourismusplanung als auch die daraus abgeleiteten Marketingstrategien unter Einbeziehung aller Anspruchsgruppen auf strategischer Ebene erfolgen. Demnach muss für die Durchführung der einzelnen Aktivitäten eine angemessen langfristige Zeitspanne berücksichtigt werden. Zur Eindämmung negativer Folgen in kultureller und ökologischer Hinsicht sollte die Anzahl der UrlauberInnen auf ein passendes Maß beschränkt werden.[240]

4.2.2   Bewertung von Nachhaltigkeit im Tourismus

Zur Messung des erreichten Grades an Nachhaltigkeit müssen zunächst die zu erreichenden Ziele festgelegt werden, um danach geeignete Indikatoren ermitteln zu können. Bei der Auswahl von Indikatoren ist es wesentlich, den Untersuchungsgegenstand in seiner Gesamtheit darzustellen. Dieser Vorgang ist einer der größten Knackpunkte im Bewertungsverfahren. Selbst wenn sich aus einigen Zielen quantitative und qualitative Indikatoren ableiten lassen, kann dennoch oft keine unmittelbare Schlussfolgerung über deren Wirkung in allen Dimensionen der Nachhaltigkeit gezogen werden.[241]

Quantitative Indikatorensets für nachhaltige Sachverhalte sind etwa der GPI von Daly & Cobb, der „ökologische Fußabdruck", der Indikatorensatz der OECD oder die Eco-Capacity des Niederländischen Rats für Umweltforschung. Die Europäische Kommission hat 1998 ein Indikatorensystem für nachhaltige Entwicklung mit Bezug auf die Agenda 21 festgelegt, welches jedoch keine dezidierten Indikatoren für einen nachhaltigen Tourismus beinhaltete. Viele dieser Indikatoren wurden daher für touristische Zwecke modifiziert, dennoch warnen die Experten vor einer Verwendung von rein quantitativen Indikatoren.[242]

Für die Analyse von Prozessen sind quantitative, naturwissenschaftliche Messgrößen nicht immer ausreichend. Solche Indikatoren existieren derzeit lediglich im ökologischen, zum Teil auch im wirtschaftlichen Bereich.[243] Im Sinne einer vollständigen Bewertung von Nachhaltigkeit im Tourismus müssen ***qualitative Indikatoren***, welche die sozialwissenschaftliche Komponente abbilden, unbedingt hinzugezogen wer-

---

[240] Vgl. Price 2002, S. 51.
[241] Vgl. Jain 2005, S. 14.
[242] Vgl. BMWA 2000, S. 14 ff.
[243] Vgl. ebenda, S. 13.

den.[244] Derzeit stehen für die Messung von Nachhaltigkeit im Tourismus folgende Instrumentarien für die verschiedenen Ebenen zur Verfügung:

- **betrieblich**: Gütesiegel (z.B. Österreichisches Umweltzeichen), Öko-Audit
- **regional**: Belastungsgrenzen, ökologischer Fußabdruck, Kriterienkataloge, Ökobilanzen für Fremdenverkehrsregionen
- **Produkte und Dienstleistungen**: touristische Nachhaltigkeitsbilanz, Eco-Tour-Kriterien für Reiseangebote[245]

Die größten Schwierigkeiten bereitet die Entwicklung eines Indikatorensatzes, der sowohl regionale als auch produktspezifische Kriterien beinhaltet. Eine mögliche Lösung für dieses Problem bietet der Ansatz des **POBS** (prozessorientiertes Bewertungsschema), welcher eine auf die jeweilige Region abgestimmte Indikatorenliste enthält und darüber hinaus die gesonderte Bewertung von Teilbereichen erlaubt. Für die Beurteilung stehen ein Indikatoren-Kriterien-Set sowie ein Vorschlags-Set, welches 34 Kriterien umfasst, zur Verfügung. Die Benotung der jeweiligen Indikatoren erfolgt nach dem Ampelprinzip (siehe Abbildung 20), welche zu Berichten über den jeweiligen Bereich zusammengefasst werden. Falls auch nur eines der Kriterien mit „rot" beurteilt wurde, ist der gesamte Bereich als unverträglich zu kennzeichnen.[246]

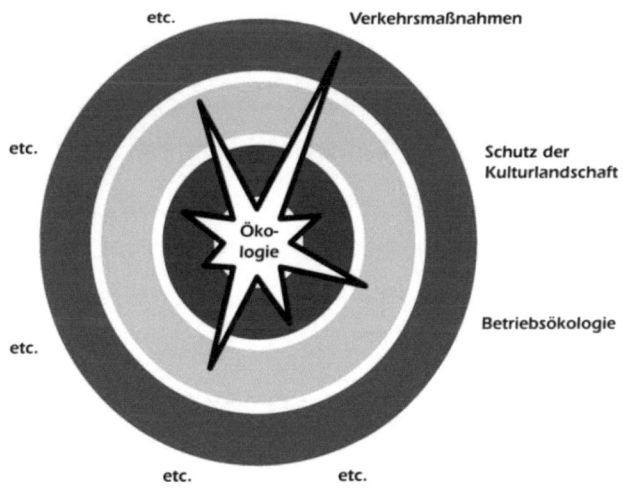

Abbildung 20: Beispiel einer Bewertung des Bereichs Ökologie
(BMWA 2001, S. 12)

---

[244] Vgl. Baumgartner 2002b, S. 155.
[245] Vgl. BMWA 2000, S. 21 ff.
[246] Vgl. Baumgartner 2002b, S. 156 f.

Im Anschluss wird für jeden der Bereiche Umwelt, Wirtschaft, Soziales und Institutionelles eine eigene Übersicht erstellt. Da eine nachhaltige Entwicklung Ausgewogenheit in allen 4 Bereichen erfordert, müssen sich alle Darstellungen im „grünen" Zustand befinden um für die jeweilige Region Nachhaltigkeit im Tourismus bestätigen zu können. Die Bewertung der Region kann entweder in einem ein- oder zweistufigen Verfahren durchgeführt werden. Im zweistufigen Verfahren werden die Ergebnisse jedes Bereichs von einer Evaluationsgruppe nochmals beurteilt. Der Prozess endet mit einem Konsens-Workshop, in dem die Ergebnisse beider Verfahrensstufen mittels Diskussion und Modifikation auf einen Nenner gebracht werden. Speziell im zweistufigen Verfahren lassen sich die Resultate nicht mit denen anderer Regionen vergleichen, da individuelle und regionaltypische Indikatoren verwendet werden.[247]

Für die Bewertung der Nachhaltigkeit von in Zukunft geplanten Projekten wurde eine Methode entwickelt, welche in folgenden 3 Schritten abläuft:

- Expertengutachten mit Anwendung des **Sustainability Impact Inventory (SII)**
- **Sustainability Impact Assessment (SIA)** mittels Excel-Tabellenkalkulation
- Detailanalyse mithilfe spezifischer Instrumente aus der Wirtschaft

Die Nachhaltigkeitsaspekte werden in den Bereichen Ökologie, Soziales und Ökonomie untersucht. Sowohl SII als auch SIA beurteilen ein Projekt im Vergleich zur Fortführung der Ist-Situation, dem BAU-Szenario („business as usual"). Alle Auswirkungen auf die jeweiligen Aspekte werden in Bezug zu diesem Szenario gesetzt (der Wert des BAU-Szenarios ist 100). Bei beiden Verfahren werden die Ergebnisse basierend auf den Projektdaten errechnet, wobei SIA auch „Rebound Effekte" berücksichtigt. Darunter versteht man ungeplante Umweltauswirkungen, welche den gewünschten positiven ökologischen Effekt reduzieren oder sogar verhindern.

In der nachstehenden Abbildung 21 sind die Maßnahmen eines Reiseveranstalters zum Ausgleich von reisebedingten Treibhausgasemissionen bewertet.[248]

---

[247] Vgl. Baumgartner 2002b, S. 157.
[248] Vgl. BMLFUW 2006a, S. 24 f.

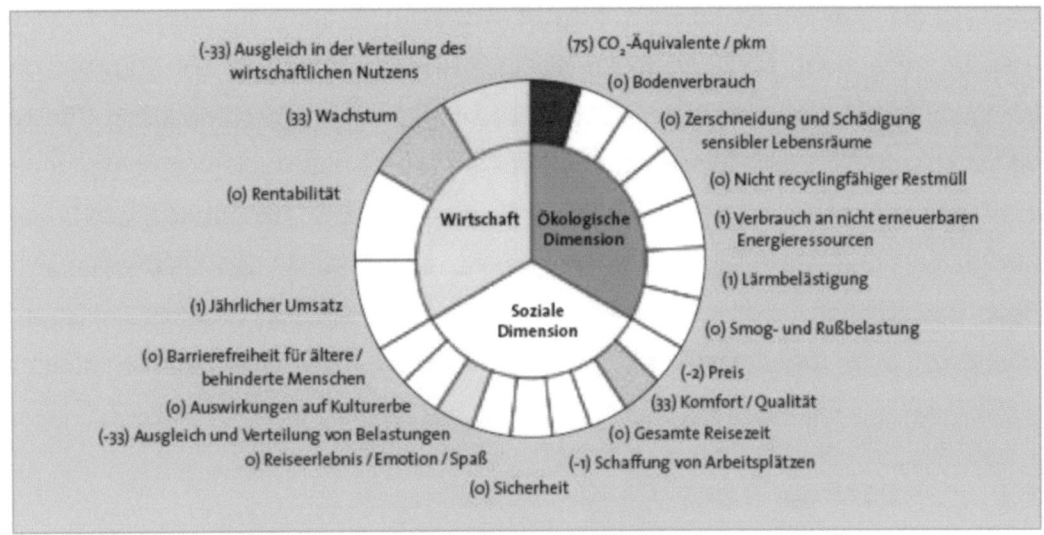

Abbildung 21: SIA-Diagramm eines Reiseveranstalters
(BMLFUW 2006a, S. 25)

4.3 Sanfter Tourismus als Umsetzungsstrategie der Nachhaltigkeit

4.3.1 Der Begriff des „Sanften Tourismus"

Im Jahr 1975 prangerte Jost Krippendorf in seinem Buch „Die Landschaftsfresser" erstmals die Folgen des Massentourismus an. Gleichzeitig zeigte er Wege zur zukünftigen Weiterentwicklung des Tourismus auf.[249] In einem Beitrag zur Zeitschrift GEO aus dem Jahr 1980 erwähnte der Trendforscher Robert Jungk in der Folge den „sanften Tourismus" als Gegenstück zum „harten Reisen" des Massentourismus. In seinem vielfach zitierten Vergleich beider Reiseformen demonstrierte er einerseits die nachteiligen Auswirkungen des Tourismus um andererseits verträgliche Alternativen anzubieten.[250] Die TouristInnen sollen sich an die Umwelt und Kultur des Urlaubsortes anpassen und diese anschließend unverändert zurücklassen. Seine Darstellung gilt nach dem heutigen Wissensstand in manchen Teilen als sehr idealisiert und wenig praxistauglich. Dessen ungeachtet regte Jungk eine bedeutende Diskussion an, welche ein Umdenken im Tourismus bewirkte.[251]

In den 90er Jahren wurde der Sanfte Tourismus in der Literatur weitgehend durch den Begriff des umwelt- und sozialverträglichen oder nachhaltigen Tourismus er-

---
[249] Vgl. Braun/Dörge 1995, S. 528.
[250] Vgl. Baumgartner 2002c, S. 12.
[251] Vgl. Pommerenk 1998, S. 1.

setzt.[252] In der Praxis wird der Begriff „sanft" hingegen vermehrt für touristische Werbezwecke verwendet, obgleich meist weniger der Umweltschutz als vielmehr die Gewinnung neuer, umweltbewusster Kundenschichten im Vordergrund steht. Oftmals fehlt die vollständige Verwirklichung des „sanften" Tourismuskonzeptes, lediglich ein Aspekt wird als Marketingstrategie herausgegriffen.[253] Die solcherart beworbenen Einrichtungen und Reiseprogramme entsprechen nicht immer den Mindestanforderungen des Sanften Tourismus. Aufgrund fehlender Vorgaben herrscht Unklarheit darüber, wer diese Bezeichnung tragen darf und welche Kriterien maßgeblich sind.[254]

4.3.2 Der Begriff des „Ökotourismus"

Zur Abgrenzung der einzelnen Fachbegriffe für umweltverträglichen Tourismus wird an dieser Stelle auch der Begriff des „Ökotourismus" näher erläutert. Dieses Schlagwort wurde erstmals 1965 verwendet. Der gesellschaftliche Wertewandel und das dadurch gestiegene Umweltbewusstsein verursachten einen Ökoboom im Tourismus.[255] Inzwischen existieren unzählige Definitionen, jede von ihnen beinhaltet allerdings unterschiedliche Kriterien. Eine exakte Begriffsbestimmung ist daher nur sehr schwer möglich. Alle Definitionen haben jedoch die Verknüpfung von Ökotourismus und Natur gemeinsam.[256] Inhaltlich wird der Ökotourismus in 3 Aspekten angewendet: als Konzept, Marktsegment und Versuchslabor für neue Ideen.[257] Es gilt zu beachten, dass Ökotourismus nicht mit nachhaltigem Tourismus gleichzusetzen ist.[258]

4.4 *Exkurs: Alpenkonvention*

Eine 89 Punkte umfassende Alpenschutz-Resolution wurde 1989 basierend auf nationalen Berichten über den Umweltzustand der Alpen unterzeichnet. Daraufhin erfolgte die Erarbeitung eines Rahmenvertrages, der eigentlichen Alpenkonvention.[259] Diese wurde anlässlich der 2. Alpenkonferenz in Salzburg 1991 unterzeichnet. Die Rati-

---

[252] Vgl. Feilmayr, S. 3, o.J.
[253] Vgl. Pommerenk 1998, S. 3.
[254] Vgl. http://www.umweltlexikon-online.de/fp/archiv/RUBsonstiges/SanfterTourismus.php, Zugriff am 20.02.2007.
[255] Vgl. Baumgartner 2002c, S. 15.
[256] Vgl. ebenda, S. 17.
[257] Vgl. Hillel 2002, S. 38.
[258] Vgl. Yunis 2002, S. 43.
[259] Vgl. Müller 2003, S. 255.

fizierung der Rahmenkonvention durch sämtliche Vertragsparteien (Österreich, Schweiz, Deutschland, Frankreich, Liechtenstein, Italien, Monaco, Slowenien, EU) nahm schließlich 8 Jahre in Anspruch. 1999 erklärte Italien als letzter Staat die Alpenkonvention für gültig.[260] Detaillierte Maßnahmen für den Schutz der Alpen und eine nachhaltige Entwicklung wurden in **8 Protokollen** für folgende Gebiete geregelt: Raumplanung und nachhaltige Entwicklung, Berglandwirtschaft, Naturschutz und Landschaftspflege, Bergwald, Tourismus, Bodenschutz, Energie und Verkehr.[261]

Das Tourismusprotokoll hat vor allem die Ausgewogenheit der Tourismusaktivitäten in ökologischen und sozialen Aspekten zum Ziel. Dazu gehört die Qualitätssteigerung in Tourismusregionen (Verkehr, Energie, Unterkunft), aber auch die Förderung umweltfreundlicher Tourismusangebote.[262] Kritiker bemängeln, das Tourismusprotokoll enthalte kaum konkrete und verbindliche Vorgaben. Diese Schwäche kann jedoch im Zuge einer Weiterentwicklung des Protokolls behoben werden. Überdies muss berücksichtigt werden, dass der Tourismus, wie bereits mehrfach erwähnt, alle anderen Bereiche des Lebensraums Alpen berührt. Daher muss im Sinne einer vollständigen Betrachtung die gesamte Alpenkonvention auf ihre tourismusrelevanten Ausführungen hin untersucht werden und nicht nur das Tourismusprotokoll.[263]

Spezifische Aussagen den Wintertourismus im Alpenraum betreffend sind in den Protokollen für Tourismus und Bodenschutz zu finden. Letzteres behandelt vor allem die Kategorien Raumplanung, Pistenerweiterung und -präparierung. Die Auswirkungen des Klimawandels auf die Alpen und daraus resultierende Handlungsempfehlungen für einen nachhaltigen Wintertourismus bleiben im Tourismusprotokoll unerwähnt. Lediglich die Schließung von Infrastrukturanlagen wie Schilifte und die Renaturierung von Pistenflächen wird thematisiert. Definitive Vereinbarungen zur Beschränkung der künstlichen Beschneiung fehlen in beiden Protokollen.[264]

Bei der letzten Alpenkonferenz im Jahr 2006 wurden positive Schritte in Richtung einer durchsetzbaren Alpenkonvention gesetzt. Die Mitgliedsstaaten unterzeichneten erstmals einen konkreten Aktionsplan mit Maßnahmen zum Klimaschutz, welche im

---

[260] Vgl. Haßlacher 2000, S. 8 ff.
[261] Vgl. ebenda, S. 15 f.
[262] Vgl. Müller 2003, S. 255.
[263] Vgl. Siegrist 2002a, S. 137 f.
[264] Vgl. Siegrist 2002b, S. 347 ff.

Alpenraum über die Vorgaben des Kyoto-Protokolls hinaus reichen sollen. Davor wurden zwar Deklarationen und Handlungsempfehlungen vereinbart, jedoch nie definitive Beschlüsse gefasst. Das vorrangige Ziel ist es daher, zukünftig für alle Bereiche die Legitimierung von Durchführungsprotokollen aller Staaten zu erhalten. Weiters regt die CIPRA als Ergänzung ein Protokoll für den Bereich „Bevölkerung und Kultur" an.[265] Denn ohne Akzeptanz jener AkteurInnen, welche die Umsetzung auf regionaler Ebene garantieren sollen, bleibt die Alpenkonvention ein „zahnloses" Werk.[266]

4.5   *Handlungsfelder für Politik und NGOs*

Politische Entscheidungen werden in den Alpenstaaten auf 5 Ebenen getroffen: lokal, regional, national, transnational und europäisch. Unabhängig davon, auf welcher Ebene verhandelt wird, ist das aktive Eintreten der Verantwortlichen für einen nachhaltigen Wintertourismus erforderlich. Besonders auf regionaler Ebene ist die Beteiligung möglichst vieler Politikbetroffener unerlässlich. Die entsprechenden Programme beinhalten größtenteils ambitionierte Zielvorgaben. Doch im Zuge der Umsetzung entsteht oft eine tiefe Kluft zwischen Anspruch und Wirklichkeit. Konkrete Entscheidungen werden in der Folge kaum unter dem Gesichtspunkt der Nachhaltigkeit getroffen. Mittels Sensibilisierung aller Beteiligter und geeigneter Kontrollinstrumente kann eine dauerhafte, nachhaltige Entwicklung gelingen.[267]

Non Governmental Organizations (NGO) spielen in der Umweltpolitik eine wichtige Rolle. Sie sind das Bindeglied zwischen Markt und Staat im so genannten „Dritten Sektor". Eine Studie in Deutschland ergab, dass deren Einfluss noch deutlich zunehmen wird. Auch im Spannungsfeld von Tourismus und Umwelt haben die NGOs einen wichtigen Stellenwert. Vor allem Organisationen wie Greenpeace, WWF und CIPRA, die internationale Alpenschutzkommission, sind ständig präsent.[268]

---

[265] Vgl. o.V., CIPRA INFO 81/2006, S. 18 f.
[266] Vgl. Siegrist 2002a, S. 138.
[267] Vgl. Favry, CIPRA INFO 82/2007, S. 26 ff.
[268] Vgl. Müller 2003, S. 244.

4.5.1 Raumentwicklung

4.5.1.1 Bauten

Die Definition von Baugebieten im Rahmen der Raumplanung ist einer der entscheidenden Faktoren der Tourismusentwicklung. Mittels verschiedener Methoden kann die Gemeinde eine unkontrollierte Bautätigkeit von Zweitwohnungen und Hotelanlagen eindämmen. Durch Baugebiets- und Erschließungsbeschränkungen kann die Bautätigkeit räumlich und zeitlich eingegrenzt werden. Die Festlegung von Baunutzungs- und Höchstgeschoßzahlen etwa bewirkt, dass Neu- und Umbauten nur in einem bestimmten Verhältnis von Grundstücks- und Objektgröße genehmigt werden.[269] Eine Raumverträglichkeitsprüfung hinsichtlich der zu erwartenden Verkehrsbelastungen beim Ausbau touristischer Infrastruktur (z.B. Thermen) ist ebenfalls unerlässlich. Damit sollen nachteilige Auswirkungen auf die Nachbargemeinden durch Verkehrsüberlastung auf den Anreiserouten von vornherein verhindert werden.[270]

Eine sehr konfliktträchtige Möglichkeit stellt die Rückwidmung von Baugründen in Grünland dar. Dadurch kommt es zu einem hohen Wertverlust des jeweiligen Grundstücks, daher sind die EigentümerInnen meist vehement dagegen. Eine andere Methode ist die Bildung von Spezialzonen, welche ausschließlich von Einheimischen bebaut werden dürfen. Diese Grundstücke werden nur für die BewohnerInnen vergünstigt und somit leistbar gemacht.[271] Wesentlich ist, dass diese Flächen für die Bevölkerung innerhalb der Ortsgebiete liegen um die Funktionsfähigkeit und Geschlossenheit der Dörfer zu bewahren. In diesem Zusammenhang ist auch für eine ausreichende Anzahl an Dienstleistungs- und Versorgungseinrichtungen zu sorgen. Mittels der Definition von Gewerbegebieten ist eine zentrale Ansiedlung möglich.[272]

Die Beliebtheit von Tourismusorten wie beispielsweise Kitzbühel als Zweitwohnsitz für Prominente hat negative Auswirkungen auf die Einheimischen, da Grundstücke und Häuser deswegen unerschwinglich geworden sind. Die Stadt muss darüber hinaus für die Wahl-Kitzbüheler eine überdimensionierte Infrastruktur bereitstellen, auch wenn diese nur zur Hauptsaison voll ausgenützt wird – dann verdoppelt sich kurzfristig die Anzahl der Einwohner auf 16.000. Zum Ausgleich dieses Ungleichgewichts

---

[269] Vgl. Baumgartner 2002a, S. 330.
[270] Vgl. BMLFUW 2006a, S. 47.
[271] Vgl. Müller 2003, S. 221 ff.
[272] Vgl. Schmeiss 2000, S. 166 f.

wird nun die Einhebung einer Zweitwohnsitz-Abgabe überlegt. Diese Maßnahme wird in Kärnten bereits seit 2006 umgesetzt. Jede Gemeinde kann selbständig entscheiden, ob sie eine derartige Abgabe einheben möchte oder nicht. Ein Betrag von 55 € pro Monat wurde als Höchstgrenze vom Land festgelegt.[273]

4.5.1.2 Verkehr

Im Sinne eines nachhaltigen Freizeitverkehrs gilt es, Infrastruktureinrichtungen dort zu planen, wo eine gute Erreichbarkeit mit öffentlichen Verkehrsmitteln gewährleistet ist. Naturgemäß sind zentrale Freizeiteinrichtungen dennoch mit Beeinträchtigungen für die Anrainer verbunden. Mithilfe von aktivem Konfliktmanagement durch die Gemeinde können diese jedoch meist gelöst werden. Im Vergleich zu großen Kinocentern außerhalb von Stadtzentren, von denen eines rund 50 Mio. MIV-Personenkilometer zusätzlich verursacht, entstehen durch die Ansiedlung von Freizeitanlagen an zentralen Punkten auf lange Sicht enorme Vorteile. Auch die Schaffung von Sport- und Erholungsmöglichkeiten in der Nähe von Wohngebieten ist eine geeignete Methode, um den Freizeit- und Ausflugsverkehr einzudämmen.[274]

Eine weitere Herausforderung für die Raumentwicklung ist der steigende Bedarf an Straßen. Diese verursachen einen großen Flächenbedarf und hohe Umweltbelastungen. Die Abwälzung des überregionalen Verkehrsaufkommens auf Schiene und Wasser sowie des regionalen Verkehrs auf öffentliche Verkehrsmittel soll den Bau von zusätzlichen Verkehrsrouten überflüssig machen. Investitionen in Hochleistungsschienennetze und kombinierbare Systeme (rollende Landstraße) sowie in den Ausbau der städtischen Verkehrsmittel und den überregionalen Verkehrsverbund sind essentielle Maßnahmen für die Raumordnung. In den Aufgabenbereich der Raumplanung fällt die Verbesserung des außerstädtischen Straßennetzes, welches ausschließlich dem Schnellverkehr dienen soll (kreuzungsfreie Umfahrungsstraßen).[275]

Auch beim umweltverträglichen Güterverkehr dienen die Projekte der Schweizer Eisenbahnen europaweit als Vorbild. Zur Verlagerung des Transitverkehrs durch die Alpen auf die Bahn wurde im Juni 2007 der Lötschberg-Tunnel, ein 34,6 km langer

---

[273] Vgl. Benedikt, Die Presse, 07.07.2007, o.S.
[274] Vgl. Meier 2002, S. 375 ff.
[275] Vgl. Schmeiss 2000, S. 172.

Basistunnel eröffnet. Die eigentliche Innovation auf dieser Strecke ist ein funkgesteuertes Zugleitsystem, welches im 3-Minuten-Takt aufeinander folgende Züge mit einem Tempo von bis zu 250 km/h durch den Tunnel schleust.[276] Der Gütertransport auf der Donau könnte um das 7,5fache der derzeitigen Kapazität (12 Mio. t) gesteigert werden. Trotz ambitionierter Ausbaupläne seitens der EU scheitern diese Vorhaben derzeit noch an der lückenhaften Verbindung zu anderen Verkehrsträgern sowie ungleichen technischen und rechtlichen Rahmenbedingungen.[277]

4.5.1.3 Naturgefahren

Die Raumplanung ist Teil des präventiven Risikomanagements von Naturgefahren. Sie leistet durch angepasste Nutzung gefährdeter Flächen einen wichtigen Beitrag zur Gefahrenreduktion. Die wichtigste Grundlage für raumplanerische Maßnahmen ist das Wissen um Gefahrensituationen. Dadurch können Bauten in gefährdeten Gebieten verhindert und gleichzeitig die Risiken für bestehende Bauten durch entsprechende Schutzeinrichtungen auf ein Mindestmaß reduziert werden.[278] In der Vergangenheit beruhte das Naturgefahrenmanagement vorwiegend auf retrospektiven Daten. Veränderungen infolge des Klimawandels bedürfen jedoch eines vorausschauenden Konzepts, welches auch zukünftige Klimarisiken beachtet. Ferner müssen Extremereignisse berücksichtigt und Gefahrenkarten häufiger aktualisiert werden.[279]

Prinzipiell sind für die Raumentwicklung jene Gefahren relevant, deren Folgen mit Instrumenten der Raumplanung beeinflusst werden können. Die wesentlichen Kriterien sind Raum- und Zeitgebundenheit, Abgrenzbarkeit, Prognostizierbarkeit, Intensität, Beeinflussbarkeit und Wahrscheinlichkeit. Dazu gehören vor allem Hochwasser, Muren, Steinschläge, Felsstürze und Lawinen.[280] Zu den wichtigsten Schutzstrategien zählen die Sanierung von Schutzwäldern und die Ausweitung des Hochwasserschutzes. Die Renaturierung von Flussläufen und die Schaffung von Überschwemmungszonen bedingt die Umwidmung ufernaher Flächen in Sperrzonen für die Be-

---

[276] Vgl. Koch, Süddeutsche Zeitung, 09.06.2007, o.S.
[277] Vgl. http://www.wwf.at/de/menu27/artikel405/?start=60, Zugriff am 01.04.2008.
[278] Vgl. Baumann 2005, S. 7 f.
[279] Vgl. Agrawala 2007, S. 6 f.
[280] Vgl. Baumann 2005, S. 8 ff.

bauung. Als Konsequenz sind die RaumplanerInnen gefordert, möglichst flächensparende Siedlungsmodelle und geänderte Gefahrenpläne zu entwerfen.[281]

Als gelungenes Beispiel für nachhaltiges Bauen in Stadtnähe kann die solarCity in Pichling (Oberösterreich) angeführt werden. Die Erschließung neuer Siedlungsgebiete wurde durch die Errichtung von Wohnbauten in energiesparender Bauweise und der Schaffung notwendiger Infrastruktur direkt vor Ort umgesetzt. Dadurch wurden die täglichen Wege (Einkaufen, Schule, etc.) entscheidend verkürzt und außerdem Platz sparendes Bauen umgesetzt. Eine attraktive Verbindung mit öffentlichen Verkehrsmitteln ins Zentrum von Linz, wo sich die meisten Arbeitsplätze befinden, bedeutet eine rasche und umweltfreundliche Alternative zur Autofahrt.[282]

---

[281] Vgl. Neuhäuser, CIPRA INFO 80/2006, S. 6.
[282] Vgl. http://www.linz.at/leben/4701.asp, Zugriff am 02.04.2008.

4.5.2 Verkehrspolitik

Der Politik stehen verschiedene Instrumente zur Verfügung, um eine umweltverantwortliche Verkehrspolitik zu betreiben (siehe nachfolgende Tabelle 2). Die Internalisierung der externen Effekte des Verkehrs ist das vorrangige Ziel einer marktwirtschaftlich orientierten Verkehrspolitik[283].

Information und Aufklärung	Marktwirtschaftliche Anreize	Gebote und Verbote	Verkehrsinfrastruktur und -technologien
Aufklärung über Tatbestände und Zusammenhänge	Ökologische Steuerreform / nachhaltige Verkehrspolitik	Geschwindigkeitsbeschränkungen	Beschränkung des motorisierten Individualverkehrs (MIV)
Umwelterziehung	Umweltabgaben auf Benzin (Treibstoff-, CO_2-Abgabe)	Umweltverträglichkeitsprüfung für Verkehrsanlagen	Attraktivierung des öffentlichen Verkehrs
Diskursethik	Road Pricing	Emissionsvorschriften	Entwicklung von Verbundsystemen
Soziale Netzwerke	Erhöhte, differenzierte Fahrzeugsteuern	Straßensperren und Fahrverbote	Attraktivierung der Fuß- und Radwege
	Parkplatzbeschränkung, -bewirtschaftung		Technische Verbesserung der Verkehrsmittel
	Subventionen		
	Bonus-Malus-Versicherung		
	Car-Sharing, Car-Pooling, Mobilitätskarten		
	Besteuerung des Flugverkehrs		

Tabelle 2: Instrumente und Maßnahmen einer umweltverantwortlichen Verkehrspolitik
(Müller 2003, S. 228)

Eine große Herausforderung für die Politik stellt die **Veränderung des Modal Split** dar. Darunter versteht man die Verkehrsmittelwahl im Personenverkehr. Die „klimafreundliche" An- und Abreise zum Urlaubsort soll weg vom PKW hin zu öffentlichen Verkehrsmitteln verlagert werden. In den folgenden Abbildungen 22 und 23 sind die deutlich reduzierten CO_2-Emissionen bei einer Verlagerung des Reiseverkehrs auf öffentliche Verkehrsmittel – Bahn bzw. Bus – dargestellt. Interessanterweise führt die Anreise per Bus im ÖPNV zu einem noch niedrigeren Ausstoß im Vergleich zur Anreise per Bahn. Dies ist zum Großteil auf die verbesserte Technologie der Dieselmotoren bei Reisebussen zurückzuführen.[284]

---

[283] Vgl. Meier 2002, S. 371.
[284] Vgl. Buchert 2001, S. 93 f.

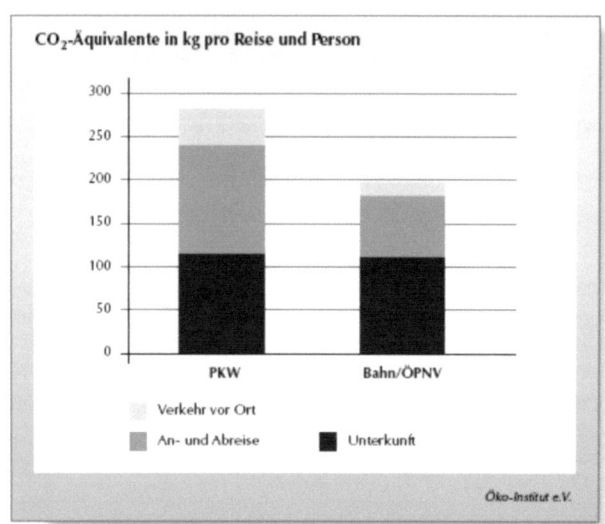

Abbildung 22: CO_2 – Vermeidungspotenziale bei Verlagerung von PKW zu Bahn/ÖPNV
(Buchert 2001, S. 104)

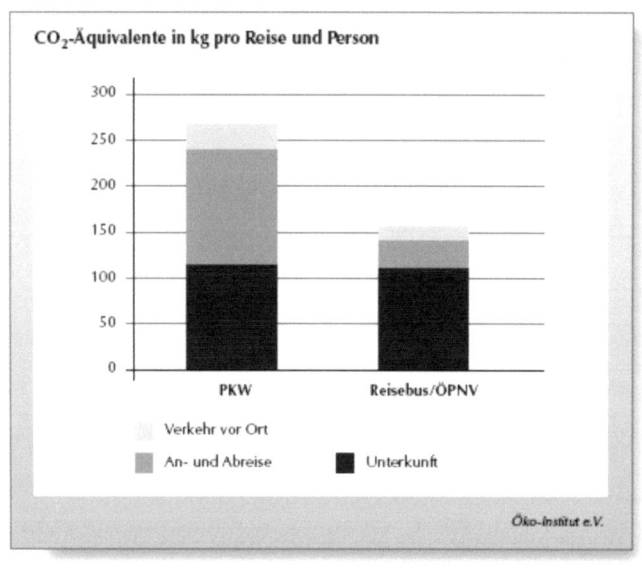

Abbildung 23: CO_2 – Vermeidungspotenziale bei Verlagerung von PKW zu Bus/ÖPNV
(Buchert 2001, S. 106)

In Österreich wird seit Jahrzehnten der Ausbau des hochrangigen Straßennetzes zur Verbesserung der Verkehrsinfrastruktur forciert. Alleine die Länge des Autobahnnetzes wuchs zwischen 1990 und 2003 von 1.445 auf 1.670 km, das entspricht einer Steigerung von 15,6 %.[285] Der Bau von weiteren 110 km ist in Planung.[286] Im Ge-

---

[285] Vgl. BMVIT 2007, S. 40.
[286] Vgl. ebenda, S. 6.

gensatz zum Schienennetz, welches im gleichen Zeitraum von 6.350 auf 6.274 km zurückging, d.h. eine Verminderung um 1,2 %.[287]

Diese Entwicklung ist vor allem auf die kontinuierliche Stilllegung von Regionalbahnen zurückzuführen.[288] Die Anzahl der beförderten Personen ging seit 1995 stetig zurück, 2005 bewegten sich die Zahlen erstmals wieder annähernd auf dem damaligen Niveau (ca. 195.000 PassagierInnen).[289] Im Sinne einer nachhaltigen Verkehrspolitik besteht rascher Handlungsbedarf um dieses Ungleichgewicht zu beseitigen.

Die vermeintlich kostengünstigere Anreise mit dem eigenen Fahrzeug soll durch Maßnahmen wie die Erhöhung von Steuern, Mautgebühren auf bestimmten Straßen und Kontingentierung von Parkplätzen in Urlaubsorten verteuert und somit weniger attraktiv werden.[290] Eine Studie des Energieinstituts an der Universität Linz hat wiederum ergeben, dass die Erhöhung der MöSt vom 1. Juli 2007 eher der Volkswirtschaft als der Umwelt zugute kommt. Die CO_2-Emissionen würden im ersten Jahr lediglich um 1,2 %, der Ausstoß von Feinstaub um 1,7 % sinken.[291] Möglicherweise wäre die in manchen Ländern diskutierte Kombination von Road Pricing bei gleichzeitiger Senkung der Steuern für den Autobesitz effektiver. Diese Maßnahme könnte auf lange Sicht ein um 2 - 5 % vermindertes Verkehrsaufkommen bewirken.[292]

Im Gegenzug muss die bequeme Erreichbarkeit der wichtigsten Wintersportorte mit Bus oder Bahn gesichert und gleichzeitig andere Urlaubsgebiete in das öffentliche Verkehrsnetz eingebunden werden. Dies erfordert auch die Aufrechterhaltung von Verbindungen im ländlichen Raum und den Ausbau des ÖPNV-Angebots in den Tourismusregionen.[293] Die Mobilität in den alpinen Bergregionen muss durch direkte, rasche und bequeme Anschlüsse an die Hauptverkehrsnetze der Bahn verbessert werden.[294] Der Personenverkehr der Schweizer Eisenbahnen ist ein hervorragendes

---

[287] Vgl. BMVIT 2002, S. 54.
[288] Vgl. http://www.bahnfakten.at/index.php?content=bahnfakten&fakt_id=51, Zugriff am 27.09.2007.
[289] Vgl. http://wko.at/bsv/Internet/perschien.htm, Zugriff am 19.04.2007 bzw. ÖBB 2005, S. 2 & 30.
[290] Vgl. Buchert 2001, S. 93 f.
[291] Vgl. o.V., OÖN, 28.06.2007, S. 9.
[292] Vgl. BMLFUW 2006a, S. 23.
[293] Vgl. Buchert 2001, S. 93 f.
[294] Vgl. Meier 2002, S. 381.

Beispiel dafür, wie man mit kundenfreundlichen Angeboten und Taktverkehren sowie einem dichten Netz an Regionalbahnen Fahrgäste gewinnen kann.[295]

Durch die Schaffung von geeigneten Rahmenbedingungen soll ein Marktanteil von 36 % im Jahr 2050 bei der Personenbeförderung in Österreichs Eisenbahnnetz möglich sein. Vorrangig muss die Infrastruktur durch den Bau und Ausbau von Hochgeschwindigkeitsstrecken insbesondere punkto Geschwindigkeit gegenüber dem Straßenverkehr wettbewerbsfähiger werden. Darüber hinaus darf auf eine Aufwertung des Busfernverkehrs nicht vergessen werden. Hauptsächlich soll dieser als Ergänzung zum Bahnverkehr dienen.[296] Nicht zuletzt müssen die Preise für Bahnfahrten gerechter gestaltet werden. Die Infrastrukturkosten dürfen nicht auf die Reisenden abgewälzt, sondern wie beim Autoverkehr von der öffentlichen Hand getragen und andererseits dort die Kosten nach dem Verursacherprinzip zugerechnet werden.[297]

4.5.3 Regionale Netzwerke

Im Kapitel 28 der Agenda 21 wurde mit der **Lokalen Agenda 21** eine spezielle Strategie nach regionalen Gesichtspunkten ausgearbeitet. Naturgemäß stehen die Gemeinden den BürgerInnen am Nächsten und haben dadurch eine bedeutende Position inne. Die kommunalen Verbände werden darin motiviert, ihren Beitrag zu einer nachhaltigen Entwicklung und zur Verbesserung der Umweltsituation zu leisten. Die Bevölkerung soll von Anfang an in die Entscheidungsprozesse integriert und dadurch eine hohe Akzeptanz erreicht werden.[298] Ein anderer Ansatz ist das Gemeinde-Netzwerk „**Allianz in den Alpen**", eine Organisation mit über 200 Gemeinden im gesamten Alpenraum.[299] Dieses ist im Grunde ebenso ein LA 21-Prozess, der die Umsetzung von 2 ausgewählten Handlungsfeldern der Alpenkonvention zum Ziel hat.[300]

Nach dem Motto „Das Ganze ist mehr als die Summe seiner Einzelteile" kann durch die Zusammenarbeit von verschiedenen Akteuren (Gemeinden, NGO, Bevölkerung) enorm viel bewegt werden. Die Voraussetzungen für eine effektive Kooperation sind der freie Zugang zu allen Informationen für jede/n TeilnehmerIn und ein funktionie-

---

[295] Vgl. http://www.bahnfakten.at/index.php?content=bahnfakten&fakt_id=51, Zugriff am 27.09.2007.
[296] Vgl. BMLFUW 2006a, S. 31 ff.
[297] Vgl. ebenda, S. 46 f.
[298] Vgl. Kuhn 1998, S. 21.
[299] Vgl. http://www.alpenallianz.org/de/ueber-allianz-in-den-alpen, Zugriff am 09.10.2007.
[300] Vgl. o.V., CIPRA INFO 66/2002, S. 6.

rendes Teamwork, damit die Kooperation auch nach außen wirksam werden kann. In dieser Hinsicht sind insbesondere Gemeinden aufgefordert, die Zusammenarbeit mit NGO und anderen Vereinigungen zu intensivieren. Hier besteht immer noch eine gewisse Schwellenangst, die es zu überwinden gilt.[301] Vor allem im Zuge der Entwicklung eines nachhaltigen Alpentourismus ist eine transparente Informationspolitik der Gemeinde essentiell, da diese eine größere Bewusstseinsbildung erreicht.[302]

Speziell kleine Tourismusorte im Alpenraum haben Schwierigkeiten, sich im Wettbewerb neben den großen und weltweit bekannten Wintersportorten zu behaupten. Mithilfe von Kooperationen mit anderen Gemeinden soll es gelingen, die Region als Marke zu etablieren und Synergieeffekte zu nutzen.[303] Die Bildung von „Destinationen" verlangt von den Ausführenden die Fähigkeit zum vernetzten Denken und Ausgleich der verschiedenen Interessen. Dieser Prozess kann nur mithilfe erstklassiger Information, Forschung und Kommunikation funktionieren.[304] Dafür kann dem/der UrlauberIn eine seinen hohen Ansprüchen entsprechende Produktpalette geboten werden. Zur Qualitätssicherung der Destinationsbildungen könnte die Einführung eines TQM oder die Etablierung eines Gütesiegels für Dienstleistungsqualität dienen.[305]

Bei Betrachtung der Destinationskarte Österreich (siehe Abbildung 24) zeigt sich, dass sich die Tourismusorganisationen bereits überwiegend zusammengeschlossen haben. Manche Destinationen (z.B. in Ober- und Niederösterreich) sind jedoch aufgrund ihrer großen Fläche zu heterogen, um noch eine adäquate Vermarktung zu ermöglichen. Empfehlenswert wäre die Aufsplittung in kleinere Teilregionen. In Kärnten sind noch einige Gebiete ohne erkennbare Regionalkooperation, welches an den weißen Flecken erkennbar ist. Das grundlegende Problem ist hier im Kärntner Fremdenverkehrsgesetz begründet, welches die Fusionierung von mehreren örtlichen zu einem regionalen Tourismusverband nicht vorsieht. Diese Einschränkung bedeutet einen Wettbewerbsnachteil, da übergreifende Strategien zur Vermarktung fehlen.[306]

---

[301] Vgl. Baumgartner 1998b, S. 105 f.
[302] Vgl. Price 2002, S. 50.
[303] Vgl. Smeral 2000, S. 57 f.
[304] Vgl. Luger/Rest 2002, S. 38.
[305] Vgl. Smeral 2000, S. 57 f.
[306] Vgl. OGM 2005, S. 291 ff.

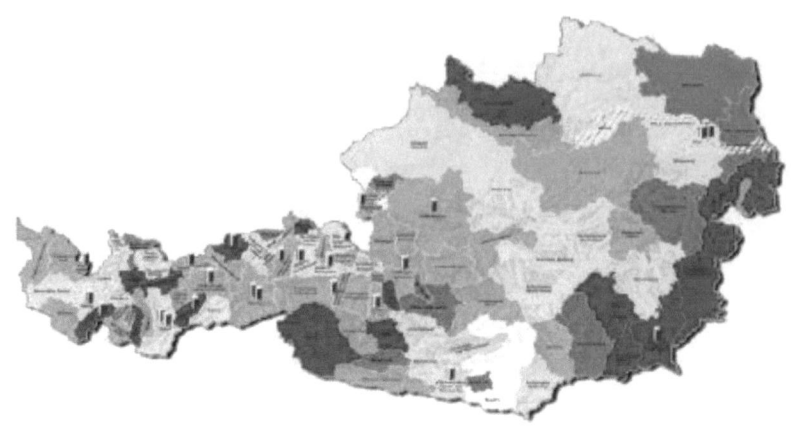

Abbildung 24: Destinationskarte Österreich
(OGM 2005, S. 291)

Vorwiegend in den Alpen finden sich in den unterschiedlichen Wirtschaftszweigen, welche für den Tourismus Leistungen erbringen, wissensintensive Produkte und Dienste. Viele unterschiedliche KMUs wie VermieterInnen oder BäckerInnen arbeiten zwar für sich, sind jedoch aufeinander angewiesen. Diese Voraussetzungen sind prädestiniert für den Abschluss von impliziten Kooperationsverträgen. Die Kooperationen können horizontal, vertikal oder in Mischformen gestaltet werden. Bei Nichtbefolgen der Vereinbarungen kann ein Unternehmen durch Ausschluss aus dem Verband bzw. aus der gemeinsamen Werbung oder noch empfindlicher durch Wissensentzug bestraft werden. Studien haben bewiesen, dass lokale Produktionssysteme durch Kooperationen abgesichert und durch Innovationen ihre Wirtschaftskraft gestärkt werden.[307]

4.5.4 Reglementierungen für Beschneiungsanlagen

Der Einsatz von Schneekanonen verursacht, wie bereits im Kapitel „Beitrag des Wintertourismus zum Klimawandel" erwähnt, einen hohen Wasser- und Energieverbrauch. Die Genehmigung von Beschneiungsanlagen ist in Österreich Landeskompetenz, die jeweiligen Regelungen für die Erzeugung von Kunstschnee sind daher in den einzelnen Bundesländern sehr unterschiedlich.[308] Einheitliche Verordnungen gibt es trotz der vorhandenen Alpenkonvention weder für ganz Österreich noch für den gesamten Alpenraum. Diese sieht erst dann ein Verbot von Schipisten und Be-

---

[307] Vgl. Wöhler 2002, S. 277 f.
[308] Vgl. Agrawala 2007, S. 5.

schneiungsanlagen vor, wenn diese extrem negative Auswirkungen wie das Abrutschen von Hängen nach sich ziehen.[309]

Für das Betreiben einer Beschneiungsanlage sind wasser- und naturschutzrechtliche Bewilligungen erforderlich.[310] Inzwischen wird mehr Augenmerk auf einen sparsameren Verbrauch von natürlichen (Trink)Wasservorkommen gelegt, dies ist auch an der zunehmenden Errichtung von Speicherteichen abzulesen.[311] Dennoch gibt es jeden Winter in den Schiregionen Einschränkungen der Wassernutzung oder schlimmstenfalls Wassermangel aufgrund des hohen Verbrauchs.[312] Laut Josef Essl von der Fachabteilung Raumplanung-Naturschutz des Österreichischen Alpenvereins gibt es derzeit so gut wie keine Beeinspruchungen bei der Genehmigung von Speicherteichen. Im Gegensatz wird deren Bau momentan sogar massiv gefördert.[313]

Die Reglementierung von Beschneiungsanlagen mithilfe der gegenwärtigen ordnungsrechtlichen Vorschriften ist ein schwieriges Unterfangen. Durch die Schaffung eines eigenen Öko-Audits für Beschneiungsanlagen könnte in Zukunft ein geeignetes und durchsetzungsfähiges Instrument zur Verfügung stehen. Diese müsste im Wesentlichen ein umfassendes Umweltmanagement beinhalten, welches sich auf die Reduzierung des Stromverbrauchs, eine effiziente Wassernutzung, eine koordinierte Pistenpflege und die Schonung von Boden und Vegetation konzentriert. Anhand von detaillierten Checklisten soll es den BetreiberInnen vereinfacht werden, eigenverantwortlich und langfristig umweltverträglich zu handeln und in der Folge in ihrem Wirkungsbereich Verbesserungen herbeizuführen.[314]

4.5.5 Umweltverträglichkeitsprüfung für Schigebiete

Die Vorschriften für die Umweltverträglichkeitsprüfung, welche auf der Richtlinie 1985/357/EWG der Europäischen Gemeinschaft basieren, sind in Österreich seit 1994 gesetzlich festgelegt. Die konkreten Inhalte konnten von den einzelnen Mitgliedsstaaten der EU jedoch weitgehend selbständig definiert werden. Aufgrund dieser Tatsache kam es speziell bei länderübergreifenden Projekten im europäischen

---

[309] Vgl. Sailer, Forum Gesundheit 5/2005, S. 9.
[310] Vgl. ÖWAV-Regelblatt Nr. 210 2007, S. 18 f.
[311] Vgl. Sailer, Forum Gesundheit 5/2005, S. 9.
[312] Vgl. Steinmann, Umweltschutz 11/2003, S. 14.
[313] Telefonat Josef Essl, 15.10.2007.
[314] Vgl. Pröbstl, Natur und Land 1/2-2003, S. 17 f.

Alpenraum zu Problemen durch die unterschiedlichen Vorgaben.[315] Mit dem überarbeiteten Umweltverträglichkeitsprüfungsgesetz – UVP-G 2000 wurde der Geltungsbereich erheblich erweitert – von zuvor 50 auf 88 genehmigungspflichtige Vorhaben.

Ferner wurde das Verfahren um die Möglichkeit zur Einzelprüfung erweitert. Dies sollte zu einer Erleichterung der Verfahrensabwicklung führen. Mittels der Durchführung einer Einzelprüfung wird festgestellt, ob für das jeweilige Projekt eine Umweltverträglichkeitsprüfung erforderlich ist. In der letzten Novelle zu diesem Gesetz aus dem Jahr 2005 wurde für bestimmte Vorhaben die Möglichkeit zur Einzelprüfung festgelegt (internationale Sportveranstaltungen, Renn- und Teststrecken).[316] Diese Lockerung des Gesetzes wurde nach Scheitern des Rennsportzentrums im steirischen Spielberg aufgrund des negativen Bescheids durch den Umweltsenat als Zugeständnis an die wirtschaftlichen EntscheidungsträgerInnen im Lande beschlossen.

Die Umweltverträglichkeitsprüfung kommt in Österreich nur bei Großprojekten (z.B. Schigebiete) zur Anwendung. Die Schwellenwerte sind für den ökologisch sensiblen Alpenraum nach wie vor viel zu hoch angesetzt, beispielsweise werden Beherbergungsbetriebe erst ab einer Bettenanzahl von 500 Betten bzw. einer Fläche von > 5 ha einer Prüfung vor Projektbeginn unterzogen.[317] Im österreichischen Alpenraum liegt die Bettenanzahl der größten Hotels durchschnittlich bei 300 Betten, womit dieser Schwellenwert absolut nutzlos ist. Wesentliche umweltrelevante Projekte, wie Beschneiungsanlagen als solche, sind in der Verordnung nicht enthalten.[318]

Nur im Rahmen der Genehmigung von Schigebieten insgesamt sind die externen Auswirkungen von Beschneiungsanlagen angeführt.[319] Weiters verlangt die räumlich sehr unterschiedliche Umweltsituation im österreichischen Alpenraum nach einer Umweltverträglichkeitsprüfung in mehreren Etappen. Der Focus sollte daher in Zukunft nicht auf Projekte sondern vielmehr auf Prozesse gerichtet werden.[320]

---

[315] Vgl. Tappeiner/Cernusca/Pröbstl 1998, S. 42.
[316] Vgl. Umweltbundesamt 2006, S. 8.
[317] Vgl. BMLFUW 2006b, S. 8 ff.
[318] Vgl. Tappeiner/Cernusca/Pröbstl 1998, S. 106 f.
[319] Vgl. BMLFUW 2006b, S. 20 ff.
[320] Vgl. Tappeiner/Cernusca/Pröbstl 1998, S. 268.

Im Falle von grenzüberschreitenden Projekten verpflichtete sich Österreich in der seit 1997 geltenden Espoo-Konvention, Beratungen mit dem jeweils betroffenen Staat zu führen. Bisher wurde jedoch lediglich mit der Slowakei ein bilaterales Abkommen mit Details zur Abwicklung unterzeichnet.[321] Mit allen anderen Staaten wurde somit nur die Absicht zur Kontaktaufnahme kundgetan. Ob die Verhandlungen dann letztendlich für beide Länder zufriedenstellend enden, bleibt offen.

4.5.6 Umweltmanagementsysteme

Im Prinzip sind die beiden Umweltmanagement-Systeme *ISO 14001* und *EMAS* in ihren Anforderungen sehr ähnlich. Die Zertifizierung nach EMAS enthält noch genauere Vorschriften, gleichzeitig sind damit in der Praxis auch einige Nachteile verbunden. Zum einen ist EMAS nur in Europa offiziell anerkannt, ISO 14001 hingegen weltweit. Zum anderen bedeutet die bei EMAS verpflichtende Umwelterklärung einen höheren Zeit- und Kostenaufwand.[322] Weiters ist ISO 14001 für alle Organisationen sowie deren Produkte, Aktivitäten und Dienstleistungen möglich, unabhängig davon ob diese einen fixen oder wechselnden Standort haben.[323]

Die Einführung von Umweltmanagementsystemen für Tourismusbetriebe und ReiseveranstalterInnen ist ein bedeutsames Instrument zur langfristigen Sicherung von umweltverträglichem Handeln. Hauptsächlich wurden die Zertifizierungen bisher im Produktionsbereich eingesetzt.[324] Folgende Beispiele zeigen, wie Umweltmanagementsysteme auch in der touristischen Praxis funktionieren können. Im Südtiroler Gsieser Tal haben sich 13 Bergbauernhöfe, welche „Urlaub am Bauernhof" anbieten, gemeinsam nach ISO 14001 zertifizieren lassen. Dadurch haben sich die LandwirtInnen zu einer einheitlichen Abfalltrennung und -entsorgung, der ausschließlichen Verwendung umweltfreundlicher Produkte und Lebensmittel aus eigener Erzeugung sowie dem Einsatz von Solar- oder Bioenergie verpflichtet.[325]

Der Reiseveranstalter TUI zeigt seit Jahren, wie Umweltmanagementsysteme auch in der touristischen Praxis funktionieren können. TUI hat sich freiwillig den Grundsät-

---

[321] Vgl. http://www.lebensministerium.at/article/articleview/27817/1/7237, Zugriff am 03.05.2007.
[322] Vgl. Loew/Clausen 2005, S. 73.
[323] Vgl. Müller 2004, S. 195.
[324] Vgl. Müller 2003, S. 199 f.
[325] Vgl. http://www.on-norm.at/publish/1676.html, Zugriff am 20.02.2007.

zen der Nachhaltigkeit verpflichtet und seine KooperationspartnerInnen weltweit eingebunden. Im TUI Umwelt Netzwerk TUN! (Abbildung 25) arbeiten 200 MitarbeiterInnen und VertragspartnerInnen aber auch Umweltverbände gemeinsam an Lösungen zur Verbesserung der Umweltsituation.[326] Zur laufenden Verbesserung der Umweltleistung werden die Umweltmanagementsysteme der einzelnen Gesellschaften sukzessive an internationale Normen angepasst. Im Jahr 2005 wurden 33 % der Gesamtumsätze des Konzerns von Unternehmen erwirtschaftet, welche nach ISO 14001 zertifiziert sind. In Österreich besitzen alle TUI-Tochterfirmen das Österreichische Umweltsiegel.[327]

Abbildung 25: TUI Umwelt Netzwerk (TUN!)
(TUI Umweltmanagement 2004, S. 10)

Ein eigenes Umweltmanagementsystem für die Reise- und Tourismuswirtschaft wurde 1994 auf der Grundlage der Agenda 21 ins Leben gerufen. Mithilfe von „*Green Globe*" sollen die touristischen Unternehmen verbessernde Maßnahmen auf folgenden Gebieten durchführen: Abfallreduzierung, Energie- und Wassereffizienz, Abwassermanagement, umweltbewusste Einkaufspolitik sowie soziale und kulturelle Entwicklung. Eine externe Zertifizierungsstelle überprüft regelmäßig, ob diese Leistungen durch ein klar ausgerichtetes Managementsystem getragen werden. Inzwischen

---

[326] Vgl. Müller 2004, S. 197.
[327] Vgl. http://www.tui-group.com/de/nachhaltigkeit/umwelt/kon_u_sys/zert_umwelt.html, Zugriff am 11.10.2007.

sind viele touristische Organisationen Mitglieder von „Green Globe" geworden, bislang wurden jedoch nur wenige Betriebe tatsächlich zertifiziert.[328]

4.5.7 Umweltzeichen und –preise

Die Kennzeichnung von touristischen Angeboten mit einem Umweltgütesiegel soll die Umweltverträglichkeit als möglichen Wettbewerbsvorteil herausstreichen und gleichzeitig das Umweltbewusstsein der UrlauberInnen ansprechen.[329] Immer mehr UrlauberInnen honorieren die Aktivitäten für den Umweltschutz und zahlen auch bereitwillig einen höheren Preis für den Beitrag der Tourismusregion zu einer intakten Landschaft.[330] Gleichzeitig haben Umfragen gezeigt, dass diese Bereitschaft einhergeht mit der Befriedigung jener Bedürfnisse, die in der heutigen Gesellschaft maßgeblich sind: Lebensqualität, Luxus und Komfort. Bei der Vermarktung sollten daher die Umweltkriterien eingebunden, aber nicht alleine in den Vordergrund gestellt werden.[331]

Die Gründe für die Schaffung eines Umweltgütesiegels sind sehr unterschiedlich. Umweltorganisationen erhoffen sich dadurch umweltverträgliches Handeln im Tourismus, TouristikerInnen nutzen diese zu Marketingzwecken.[332] Vorausschauende InvestorInnen und Versicherungen wiederum wollen durch derartige Gütezeichen Vorteile bei der Subventionsvergabe von Seiten der Politik erlangen.[333] Die größte Herausforderung besteht zu Beginn in der Heterogenität des touristischen Angebots. Bereits die Festlegung von Vergabekriterien und Prüfinstanz bedarf oft langwieriger Diskussionen. Der größte Nutzen von Öko-Gütesiegeln besteht in der Bewusstseinsbildung der AnbieterInnen. Die Kennzeichnung von Angeboten, z.B. in Reisekatalogen, mit dem Gütesiegel setzt all jene unter Druck, die sich bisher nicht damit beschäftigt haben.[334]

Im Sinne der Nachhaltigkeit sollte die Verpflichtung zur Verwendung von regionalen, biologisch erzeugten Lebensmitteln ein Erfordernis von Umweltzeichen sein. Infolgedessen profitiert zugleich die örtliche Landwirtschaft von umweltfreundlichen Touris-

---

[328] Vgl. Müller 2004, S. 195 ff.
[329] Vgl. Buchert 2001, S. 75 ff.
[330] Vgl. Wicki 1998, S. 119.
[331] Vgl. Baumgartner 2002a, S. 325.
[332] Vgl. Müller 2004, S. 203.
[333] Vgl. Müller 2003, S. 203.
[334] Vgl. Müller 2004, S. 204.

musbetrieben.³³⁵ Weiters können die Veranstaltung von Wettbewerben für ökologische Innovationen sowie die Publikation gelungener Beispiele einer umweltfreundlichen Entwicklung die Sensibilität für Umweltschutz in Tourismusregionen erhöhen.³³⁶

Mittlerweile besteht eine Vielzahl an Gütezeichen, jedes davon hat jedoch unterschiedliche Anforderungen. Ein nationales Umweltzeichen mit einheitlichen Kriterien würde demnach für eine bessere Vergleichbarkeit sorgen und dadurch das Vertrauen der TouristInnen festigen. Es sollte nicht nur für einzelne Bereiche wie Beherbergungsbetriebe, sondern übergreifend für alle Dienstleistungen des Tourismussektors (Gastronomie, Transportunternehmen, ReiseveranstalterInnen, etc.) gelten.³³⁷ Daneben können auch abgrenzbare Gebiete mit touristischer Nutzung wie beispielsweise Strandabschnitte, Schipisten oder Golfplätze einbezogen werden. Wenig Zweck haben Umweltgütesiegel für ganze touristische Gebiete (Orte, Regionen) oder Reisepakete bzw. -programme aufgrund der mangelnden Transparenz.³³⁸

Die Einführung einer derartigen „Dachmarke" erfordert eine breit angelegte Informationskampagne, welche Aufschluss über die konkreten Richtlinien geben soll, und so eine wichtige Entscheidungsgrundlage für die Urlaubsplanung darstellt.³³⁹ In Österreich besitzen bisher ca. 200 Betriebe das Österreichische Umweltzeichen für Tourismusbetriebe. Dieses enthält Anweisungen für einen nachhaltigen Tourismus in den Bereichen Rohstoff- und Energieverbrauch, Müll- und Wasserentsorgung, sowie umweltfreundliche An- und Abreise der Gäste.³⁴⁰ Der noch geringe Bekanntheitsgrad des Österreichischen Umweltzeichens für Tourismusbetriebe sowohl bei Anbietern als auch bei umweltbewussten Reisenden sollte unbedingt durch entsprechende Kommunikationsmaßnahmen gesteigert werden.³⁴¹

---

[335] Vgl. Wicki 1998, S. 121.
[336] Vgl. Müller 2003, S. 205.
[337] Vgl. Buchert 2001, S. 75 ff.
[338] Vgl. Müller 2004, S. 205.
[339] Vgl. Buchert 2001, S. 75 ff.
[340] Vgl. Humer 2007, S. 4.
[341] Vgl. Baumgartner 2000, S. 8.

4.6 Handlungsfelder im alpinen Wintertourismus

Die alternativen Angebote im Wintertourismus können sich einerseits auf vorübergehenden Schneemangel beziehen oder andererseits als vollkommener Ersatz für das Schifahren fungieren. Die Alternativangebote für temporäre Schneearmut sprechen jene SchifahrerInnen an, welche sich im Urlaubsort aufhalten. Oftmals werden diese Programme kurzerhand ohne jegliches Konzept gestartet und dadurch von den UrlauberInnen sogleich als Lückenbüßer durchschaut. Dabei werden im Allgemeinen die Bemühungen der Tourismusverantwortlichen für Alternativen sehr wohl honoriert.[342] Anstelle von defensiven Maßnahmen wie Entschuldigungen für die mangelnde Schneelage, welche niemand beeinflussen kann, sollte vielmehr der Weg nach vorne durch offensive Werbestrategien mit attraktiven Angeboten angetreten werden.[343]

Mit den dauerhaften Alternativen zum Schifahren werden vor allem die Nicht-SchifahrerInnen angesprochen, um diese zu einem Aufenthalt in den Bergen zu animieren. Lediglich 5 % der Bevölkerung im EU-Raum sind aktive SchifahrerInnen. Das potentielle Gästesegment, welches mit schneeunabhängigen Angeboten angelockt werden könnte, ist angesichts dessen hoch einzustufen. Je nach Altersgruppe können es aufregende Erlebnisse in der Natur für jüngere (Safaris, trendige Schneesportarten, Eisklettern) und Genusserlebnisse (Wellness, Kulinarik) für ältere Menschen sein.[344] Zu beachten gilt es, dass die Angebote als echte Alternative zum Schifahren und nicht als „08/15 Angebote" angesehen werden. Diese müssen daher den Bedürfnissen der KundInnen entsprechen, zu diesem Zweck sind Innovation und Kreativität nötig.[345]

Die Österreich Werbung führte während der Wintersaison 2004/05 eine Befragung von UrlauberInnen in Österreich durch. In den nachfolgenden Tabellen 3 und 4 (Mehrfachantworten) sind die Resultate der Kategorien „Urlaubsart" und „Aktivitäten" zu sehen. Zwar steht der Alpinsport bei der Urlaubsart an 1. Stelle, doch dahinter rangieren bereits andere Motive wie Erholung, Aktivsein und Nicht-Schifahren. Be-

---

[342] Vgl. Abegg 1996, S. 176 ff.
[343] Vgl. Baumgartner 2002a, S. 334.
[344] Vgl. Haimayer 2003, S. 11 f.
[345] Vgl. Abegg 1996, S. 180 ff.

züglich der Unternehmungen während ihres Aufenthalts nannten die Gäste hauptsächlich Dinge, welche unter dem Begriff „Sich selbst verwöhnen" zusammengefasst werden können (z.B. Essen gehen, Einkaufen,...). Schifahren wird nur von der Hälfte aller UrlauberInnen als Aktivität angeführt. In Anbetracht dieser Aspekte lassen sich interessante Erkenntnisse zur Gestaltung der nachfolgenden Alternativen gewinnen.[346]

---

[346] Vgl. Michl 2005a, S. 10 f.

Schi-/ Snowboardurlaub	66%
Erholungsurlaub	43%
Aktiv-Urlaub	27%
Winterurlaub im Schnee (kein Schiurlaub)	22%
Verwandtenbesuch	19%
Wellness-/ Schönheits-Urlaub	18%
Städte-Urlaub	12%
Besuch einer Veranstaltung/ eines Events	8%
Kultur-Urlaub	7%
Privater Aufenthalt in Verbindung mit beruflichem Anlass/ Messe/ Kongress	5%
Rundreise	5%
Wander-/ Bergsteig-Urlaub	3%
Kur	2%

Tabelle 3: Art von Winterurlaub
(Michl 2005a, S. 10)

Ins Restaurant Essen gehen (außerhalb der Unterkunft)	85%
Ins Kaffeehaus gehen	81%
Einkaufen (Shopping) – auch Dinge des täglichen Bedarfs	75%
Spaziergänge	73%
Landestypische Speisen/ Getränke genießen und/oder einkaufen	69%
Nichtstun, es sich gut gehen lassen, ausruhen	61%
Schifahren	55%
Individuelle Ausflüge vom Urlaubsort aus	39%
Nachtleben/ Szenelokale/ Diskotheken/ Bars	34%
Wellness-Angebote	30%

Tabelle 4: Aktivitäten während des Winterurlaubs
(Michl 2005a, S. 11)

4.6.1 Sanfte Sportarten

Der alpine Schisport wird zukünftig nicht nur durch das Ansteigen der Schneefallgrenze, sondern auch aufgrund der zunehmenden Überalterung der Bevölkerung und dem rückläufigen Interesse der Jugendlichen Einbußen erleiden.[347] Ein weiterer Grund sind die hohen Kosten für Schipass und Unterkunft. Speziell für Familien wird ein Schiurlaub dadurch oft unfinanzierbar.[348] In Anbetracht dessen ist die Notwendigkeit, das Angebot an „sanften Sportarten" kontinuierlich auszubauen, absehbar. Wesentliche Vorzüge dabei sind: kein Schipass erforderlich, auch bei geringer Schneelage praktizierbar und weniger Belastung für die Vegetation. Der Kreis jener UrlauberInnen, welche zum Aktiv- oder Winterurlaub (kein Schiurlaub) nach Österreich kommen (siehe Tabelle 3), ist die ideale Zielgruppe für derartige Aktivitäten.

---

[347] Vgl. Lehner, OÖN, 08.10.2007, S. 7.
[348] Vgl. Blazek, Konsument 12/2006, o.S.

4.6.1.1 Schneeschuhwandern

Der Vorteil beim Schneeschuhwandern liegt darin, dass mit relativ einfacher Ausrüstung und ohne großes sportliches Talent der Personen ein aktives Erleben der Natur möglich ist. Besonders Familien und kleine Gruppen können durch diese Sportart ihre Gesundheit schonend aber wirkungsvoll fördern.[349] Der typische Schneeschuhwanderer unter den WinterurlauberInnen in Österreich ist eher älter, verfügt über ein höheres Einkommen und verreist vorzugsweise in Begleitung. Hinsichtlich der Ausgaben während des Aufenthalts und der Zufriedenheit mit dem Urlaubsort werden bei dieser Gruppe überdurchschnittliche Ergebnisse erzielt. Die häufigsten Aktivitäten neben dem Schneeschuhwandern sind Langlaufen, Winterwandern und Spazieren gehen.[350] Überaus positive Argumente, dieses Segment künftig stärker zu bewerben.

4.6.1.2 Langlauf

Alternative Angebote für den Winterurlaub wie Langlaufen wurden schon bisher in den meisten Wintersportorten angeboten. Oftmals sind jedoch der Umfang und die Qualität derartiger Angebote zu eingeschränkt, um potentielle Gäste mit ausschließlich dieser Sportart für einen Urlaub zu gewinnen. Ein möglicher Grund für diese Vernachlässigung ist das vordergründige Interesse der Bergbahnen an SchifahrerInnen, welche durch die Benützung der Aufstiegshilfen die größten Umsatzbringer sind. Das größte Problem ist daher der nicht sogleich ersichtliche Nutzen, der beispielsweise der Präparierung von Loipen für den Langlauf gegenübersteht. Daher gilt es, den EntscheidungsträgerInnen die Wirtschaftskraft derartiger Angebote zu verdeutlichen um eine wirkungsvolle Zusammenarbeit zu ermöglichen.[351]

4.6.1.3 Tourenschi

Der ansteigende Trend des naturnahen Wintertourismus als Gegenpol zum Pistenrummel zeigt sich in der zunehmenden Nachfrage nach naturnahen und landschaftsorientierten Aktivitäten wie Tourenschifahren.[352] Auf der Suche nach dem Ursprünglichen, Individuellen und Außergewöhnlichen ist der Gast auch gerne bereit, für die

---

[349] Vgl. Haimayer 2003, S. 12.
[350] Vgl. Michl 2005b, S. 2.
[351] Vgl. Haimayer 2003, S. 11 f.
[352] Vgl. o.V., CIPRA INFO 83/2007, S. 5.

Erfüllung seiner Wünsche mehr zu bezahlen.[353] Das Schibergsteigen vereint die Sportarten Schifahren und Langlauf auf einzigartige Weise. Seine besondere Anziehungskraft liegt in der völlig freien Bewegungsmöglichkeit unabhängig von Schipisten und Aufstiegshilfen. Besonders die Abfahrt im Tiefschnee und unter schwierigen Verhältnissen bedeutet eine Herausforderung für sportliche Individualisten.[354]

Alpine Schitouren erfordern auch ein Verantwortungsbewusstsein gegenüber der Umwelt. Das Tourenschifahren an sich ist keineswegs mit ökologischen Belastungen der Umwelt verbunden. Jedoch können diese durch falsches Verhalten der TourengeherInnen entstehen. Bei Befahren der Hänge abseits von gekennzeichneten Aufstiegs- und Abfahrtsrouten kann es zur Schädigung der Vegetation und zur Aufscheuchung von Wildtieren kommen. In Österreich gibt es generell nur geringe Einschränkungen für den Tourenschilauf. Überdies haben die einzelnen Bundesländer sehr unterschiedliche Vorschriften. Durch verschiedene Maßnahmen wie Bewusstseinsbildung bei den SchifahrerInnen, Ausgabe von detaillierten Tourenkarten und zeitweise Sperre von bestimmten Gebieten könnte dieses Problem gelöst werden.[355]

4.6.2 Wellness

Der Wirtschaftswissenschafter Leo A. Nefiodow nannte als Inhalt für den Kondratieff-Zyklus im 21. Jahrhundert, darunter versteht man gesellschaftliche und wirtschaftliche Innovationszyklen von 40 – 60 Jahren, den Gesundheitsmarkt.[356] Die Vorbeugung von Krankheiten mittels Gesundheitsvorsorge ist die oberste Priorität der heutigen Gesellschaft. Das „Behandlungsmodell" (Defizite, Symptome, Krankheit) wird zunehmend vom „wellnessorientierten Handlungsmodell" (Gesundheit, Ausdauer, Wohlbefinden) abgelöst. Das Paradoxon unserer Zeit ist, dass trotz der nahezu endlosen Möglichkeiten zur sportlichen Betätigung die körperlichen Beschwerden immer mehr zunehmen.[357] Dies ist vorwiegend auf die zunehmende Verlagerung von körperlichen zu sitzenden Tätigkeiten im Berufsleben zurückzuführen.

---

[353] Vgl. Haimayer 2003, S. 3.
[354] Vgl. http://homes.tiscover.at/project/themen/thema_archiv...1.html?_blid=&_rub=55298&_thema=55281&_thues=55285, Zugriff am 09.11.2007.
[355] Vgl. Lorch 1995, S. 113 ff.
[356] Vgl. http://www.robertfreund.de/strukturwandel/kondratieffzyklen.htm, Zugriff am 24.04.2007.
[357] Vgl. Jelinek 2004, S. 3 f.

Auch im Tourismus erlebt das Thema Gesundheit einen stark ansteigenden Trend, Wellness-Urlaube boomen derzeit regelrecht. Hinsichtlich der Leistungen interessieren sich Frauen überwiegend für Beauty und Anti-Aging, während Männer eher im Bereich Wellness und Gesundheitsvorsorge anzutreffen sind (siehe Tabelle 5).[358] Die hohe Nachfrage in diesem Segment bewirkt bei den AnbieterInnen eine wachsende Konkurrenzierung mittels Preis und Qualität. Die Grundausstattung mit Sauna und Wellness-Landschaft zählt inzwischen zum Standard jeder Unterkunft der 3 bis 5-Sterne-Kategorie.[359] Diese Tendenz setzt kleinere AnbieterInnen unter Druck, da die Investitionskosten für derartige Einrichtungen oft deren Finanzierungsrahmen übersteigen.[360] Bei einigen Betrieben ist es daher sinnvoller, die bisherige Vermarktungslinie beizubehalten und nur die Basisausstattung im Bereich Wellness anzubieten.[361]

Nachfragefeld	Anteil		Nachfragespitze in Jahren		Aufenthaltsdauer ∅
	Frauen	Männer	Frauen	Männer	
Healthcare	58 %	42 %	60 – 69	50 – 59	1 – 2 Wochen
Anti-Aging	66 %	34 %	40 – 49	40 – 49	1 Woche
Wellness	55 %	45 %	40 – 49	40 – 49	3 – 4 Tage, 1 Woche
Beauty	78 %	22 %	40 – 49	30 – 39	3 – 4 Tage

Tabelle 5: Nachfragefelder im Gesundheitstourismus
(Jelinek 2006c, S. 6)

Um sich von der großen Masse am Wellness-Markt abzuheben, müssen die AnbieterInnen ihre Leistungen eindeutig positionieren und offen kommunizieren.[362] Generell wird es für die KundInnen immer schwieriger, einen Überblick über Preis und Qualität der zahlreichen Angebote am Markt zu behalten. Aus diesem Grund wurde vor einigen Jahren das staatlich anerkannte Gütesiegel „*Best Health Austria*" geschaffen. In jährlichen Abständen kontrollieren unabhängige ExpertInnen die Einhaltung der festgesetzten Qualitätsstandards. Einigen Betrieben wurde das verliehene Gütezeichen auch wieder aberkannt, wenn sich die Qualität verschlechtert hatte. Der Nutzen besteht sowohl für die Betriebe als auch für die UrlauberInnen darin, dass die Kriterien dieser Initiative für konstante Qualität sorgen und gleichzeitig eine Vergleichbarkeit zwischen den mit „Best Health Austria" zertifizierten AnbieterInnen möglich ist.[363]

---

[358] Vgl. Jelinek 2006c, S. 5 f.
[359] Vgl. http://tmc.suedtirol.org/was-die-wissenschaft-zum-nischenmarkt-wellness-sagt-2.html, Zugriff am 26.02.2007.
[360] Vgl. OGM 2005, S. 240.
[361] Vgl. http://tmc.suedtirol.org/was-die-wissenschaft-zum-nischenmarkt-wellness-sagt-2.html, Zugriff am 26.02.2007.
[362] Vgl. Haimayer 2003, S. 23.
[363] Vgl. BMWA 2007, S. 30 f.

Im Hinblick auf die Überalterung der Bevölkerung stellen Gesundheitsangebote, welche speziell auf ältere Menschen zugeschnitten sind, ein enormes Potential dar. In der Kategorie *„Medical Wellness"* werden individuelle Therapien basierend auf der Krankengeschichte des/der KlientInnen erstellt und ausschließlich von medizinischem Fachpersonal ausgeführt.[364] Ein weiteres viel versprechendes Segment ist *„Urlaub mit Pflege"*. Hierfür wird der herkömmliche Erholungsurlaub mit Ausflugs- und Freizeitaktivitäten um einfache Pflege- bzw. Hilfsleistungen erweitert. Die Entlastung der pflegenden Angehörigen ist ein zusätzlicher, sehr attraktiver Aspekt. Die Anzahl der TouristInnen mit eingeschränkter Mobilität einschließlich Begleitpersonen wird in Österreich auf ca. 900.000 und in Deutschland auf ca. 7 Mio. Personen geschätzt.[365]

In Bezug auf den Wintertourismus spricht der Wellness-Urlaub ebenfalls die Menschen im „besten Alter" am meisten an. Mit zunehmendem Alter sinkt der Wunsch nach sportlicher Aktivität während das Bedürfnis nach Erholung immer mehr in den Vordergrund tritt.[366] In Abbildung 26 sind die unterschiedlichen Typen von Winter-urlauberInnen in Österreich ersichtlich. Die Gruppierungen vielseitige Winter-UrlauberInnen, Genuss-Schifahrer, Erholungs-UrlauberInnen und Wellness-Urlauber-Innen (insgesamt 34 %) verbringen ihren Aufenthalt teilweise oder zur Gänze in Wellness-Einrichtungen.[367] Charakteristisch für den/die GesundheitstouristIn sind höhere Tagesausgaben und eine längere Aufenthaltsdauer gegenüber den anderen UrlauberInnen.[368]

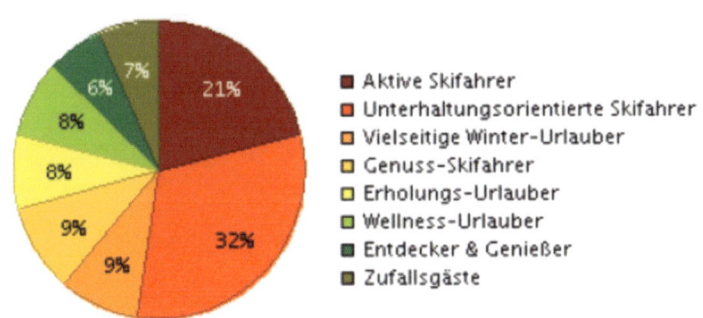

Abbildung 26: Gästetypologie der Winterurlauber
(Michl 2005a, S. 14)

---

[364] Vgl. Jelinek 2006c, S. 6.
[365] Vgl. OGM 2005, S. 256.
[366] Vgl. Michl 2006a, S. 2.
[367] Vgl. Michl 2005a, S. 15 f.
[368] Vgl. Schuhmann, OÖN, 30.10.2007, S. 13.

Die Kombination von Erholung und Winterlandschaft wird in Österreich seit kurzem unter der Dachmarke „*Alpine Wellness*", einer Unterkategorie von „Best Health Austria", vermarktet. Die natürlichen Vorzüge des Alpenraumes (Höhenlage, Reizklima und Heilmittel)[369] sowie die Verwendung regionaler Produkte sind die Grundpfeiler dieser Strategie.[370] Der Vorteil von Wellness besteht angesichts des zunehmenden Schneemangels infolge des Klimawandels vor allem in der Wetter-unabhängigkeit. In der Wintersaison 2006/07 haben beispielsweise die oberösterreichischen Thermen stark vom Schneemangel profitiert.[371] Überdies punktet dieses Segment als ideale Ergänzung zu anderen Komponenten des Winterurlaubs → Erholung nach körperlichen Aktivitäten (Schifahren, sanfte Sportarten) oder Kulinarik.

4.6.3 Event- / Kultur- / Städtetourismus

4.6.3.1 Eventtourismus

Unter dem Begriff „Events" werden Veranstaltungen mit freizeitpolitischen und tourismuswirtschaftlichen Auswirkungen im Sport-, Kultur- und gesellschaftlichen Bereich zusammengefasst. Charakteristisch für Events ist ein professionelles Marketing.[372] Die Inszenierung einer Tourismusdestination dient zur Abgrenzung gegenüber den MitbewerberInnen. Für eine erfolgreiche Umsetzung sind eine außergewöhnliche Idee, ein greifbares Motto und ein harmonisches Konzept nötig. Die Verknüpfung von Musikevents und Wintersportveranstaltungen wie Weltcuprennen in Alpinschi und Snowboard üben eine große Anziehungskraft insbesondere auf die Jugend aus.[373] Langfristige Vorteile für die Wirtschaft können nur durch Kontinuität und Markenaufbau erzielt werden, die einmalige Abhaltung von Events reicht nicht aus.[374]

Die Zukunftsprognosen der TourismusexpertInnen für die Entwicklung des Eventtourismus fallen sehr optimistisch aus.[375] Positive Begleiterscheinungen des Besuchs von Events sind die Ausdehnung zu Kurzurlauben in der Region und die Gewinnung

---

[369] Vgl. OGM 2005, S. 233.
[370] Vgl. http://tmc.suedtirol.org/was-die-wissenschaft-zum-nischenmarkt-wellness-sagt-2.html, Zugriff am 26.02.2007.
[371] Vgl. Schuhmann, OÖN, 30.10.2007, S. 13.
[372] Vgl. OGM 2005, S. 285.
[373] Vgl. Haimayer 2003, S. 16.
[374] Vgl. OGM 2005, S. 285.
[375] Vgl. Dantine 2002, S. 266.

neuer Urlauberschichten, welche sich durch höhere Tagesausgaben im Vergleich zu anderen TouristInnen kennzeichnen. Die Kooperation von Betrieben und Tourismuseinrichtungen ermöglicht das Anbieten von Pauschalpaketen, z.B. Tickets und Übernachtung. Überdies können Events zur Belebung der Nebensaisonen und als Schlechtwetterprogramm für die Urlauber vor Ort beitragen. Eine stärkere Segmentierung der Events nach Zielgruppen (Familien, SeniorInnen, Jugend, Unternehmen) ist anzustreben, um die Bedürfnisse der jeweiligen Sparte optimal zu bedienen.[376]

4.6.3.2 Kulturtourismus

Einen wesentlichen Bestandteil der Tourismus- und Freizeitwirtschaft stellt das Kulturangebot dar.[377] Vor allem angesichts der Tendenz zu Kurzurlauben wird die Komponente „Kultur" immer wichtiger. Der Wertewandel von der Erlebnis- und Spaßgesellschaft der 90er Jahre hin zu einer Gesellschaft der Sinnorientierung und Wissenserweiterung bewirkt, dass der Urlaub zunehmend nicht nur zur Erholung sondern auch zur Selbstfindung und zum lebenslangen Lernen dient. Zusätzlich soll diese Weiterbildung auch Unterhaltungs- und Erlebnischarakter besitzen.[378] In diesem Sinne ist der traditionelle Kulturbegriff entsprechend Abbildung 27 um die Komponenten Lebens-, Veranstaltungs- und Unterhaltungskultur zu erweitern[379]:

Abbildung 27: Dimensionen eines erweiterten Kulturbegriffs
(OGM 2005, S. 257)

---

[376] Vgl. OGM 2005, S. 285 f.
[377] Vgl. Jelinek 2006d, S. 9.
[378] Vgl. ebenda, S. 17.
[379] Vgl. OGM 2005, S. 257.

Die Hauptaktivitäten der KultururlauberInnen sind nicht zwangsläufig kultureller Natur.[380] Lediglich 15 % der Gäste machen in Österreich einen reinen Kultururlaub; 71 % besichtigen jedoch kulturelle und historische Sehenswürdigkeiten, 50 % besuchen Museen und Kulturveranstaltungen.[381] Der Besuch von kulturellen Einrichtungen wird meist mit Wellness, kulinarischen Genüssen, Stadtbesichtigungen und Einkaufstouren verbunden. Das Interesse an Kultur steigt naturgemäß mit dem Alter, am stärksten ist es bei den Personen ab 60 Jahren ausgeprägt.[382] Der/die KulturtouristIn ist auch in wirtschaftlicher Hinsicht sehr attraktiv, da dessen/deren Tagesausgaben um 1/4 die durchschnittlichen Ausgaben der übrigen Gäste übersteigen.[383]

Die Verknüpfung von Kulturangeboten und örtlichem Lebensraum wird von den UrlauberInnen sehr geschätzt. Die Herausforderung für Tourismusverantwortliche besteht darin, die bestehende Tradition fortzuführen und dennoch neue Entwicklungen, welche authentisch mit der regionalen Kultur sind, zu fördern. Künstlich geschaffene Erlebniswelten werden von den KulturtouristInnen großteils abgelehnt.[384] Weitere Nachteile in diesem Zusammenhang sind hohe Kosten, unsichere Erfolgsfaktoren, hohe Verkehrsbelastung und überproportionale Konkurrenzierung der bestehenden Kultur- und Freizeitangebote. In diesem Sinne sollten nur Projekte verwirklicht werden, welche die in der Region vorhandenen Ressourcen und Angebote integrieren. Kleinräumige Vernetzungsmodelle ermöglichen eine gleichmäßige Nutzenverteilung.[385]

Als Reaktion auf die Zukunftstrends im Bereich des Kulturtourismus wurde die Initiative „**Culture Tour Austria**" ins Leben gerufen. Deren Schwerpunkt liegt auf einer zeitgemäßen und internationalen Ausrichtung des österreichischen Kulturtourismus. Durch neuartige Konzepte im Spannungsfeld von Tradition und Innovation soll den Ansprüchen der zukünftig dominierenden Zielgruppen noch besser als bisher entsprochen werden. Losgelöst von den traditionellen Klischees wird die österreichische Kultur in einer international bis dato unbekannten und völlig neuartigen Form darge-

---

[380] Vgl. Jelinek 2006d, S. 9.
[381] Vgl. OGM 2005, S. 259.
[382] Vgl. Jelinek 2006d, S. 9.
[383] Vgl. OGM 2005, S. 259.
[384] Vgl. Haimayer 2003, S. 25.
[385] Vgl. OGM 2005, S. 258.

stellt.[386] Zusammenfassend lässt sich feststellen, dass die Planung von Kultureinrichtungen stets folgende **4 I-Elemente** beinhalten sollte: Integration, Inszenierung, Individualität und Internationalität.[387]

Unter den verschiedenen Typen von WinterurlauberInnen in Österreich (siehe Abbildung 26) zeigen vor allem die EntdeckerInnen & GenießerInnen sowie die Zufallsgäste Interesse an Kulturangeboten. Der Besuch von Museen und Sehenswürdigkeiten, klassischen Musikveranstaltungen sind besonders für die erstgenannte Gruppierung bevorzugte Aktivitäten.[388] Im Allgemeinen sind Angebote im Bereich der regionalen Kultur (z.B. Handwerk) in der Wintersaison noch selten vorzufinden. Eine bemerkenswerte Ausnahme ist hierbei die Initiative „Advent Austria", welche im Salzkammergut ein spezielles Programm für die Vorweihnachtszeit anbietet. Diese hat sich mittlerweile zu einer ständigen, sehr erfolgreichen Institution entwickelt.[389]

Gerade in der heutigen Zeit, wo die Beziehung der Menschen zu den Bergen weitgehend von unserem technologisierten Alltag beeinflusst wird, steigt der Stellenwert von Kultur und Tradition wieder an.[390] Der kulturelle Zugang zu den Bergen wird hauptsächlich durch Vorstellungen bestimmt, daher könnten die Kulturwissenschaften im Zuge der Konzeption neuer Tourismusprojekte eine entscheidende Rolle spielen. Voraussetzung dafür sind historische Kenntnisse über die Berge in Forschungen, Wissenschaften, Künsten und Pädagogik. Weiters eine umfassende Zusammenarbeit mit ExpertInnen aus der Praxis, eine fachübergreifende Methode sowie Multiperspektivik.[391] Darunter versteht man die gemeinsame Interpretation von Begriffen, beispielsweise der Alpen als Gebirge, über sämtliche Kulturgrenzen hinweg.[392]

4.6.3.3 Städtetourismus

Die zukünftigen Strategien im Stadtmarketing sollen auf überregionaler Ebene zur Abfederung der Einbußen im österreichischen Wintertourismus aufgrund des Klima-

---

[386] Vgl. BMWA 2007, S. 32 f.
[387] Vgl. Jelinek 2006d, S. 18.
[388] Vgl. Michl 2005a, S. 16.
[389] Vgl. Baumgartner 2006, S. 5.
[390] Vgl. Arlt 2002, S. 308.
[391] Vgl. Arlt 2002, S. 319.
[392] Vgl. ebenda, S. 310.

wandels und der daraus resultierenden Dezimierung der Schigebiete führen. So könnten etwa im Bundesland Salzburg die zu erwartenden Rückgänge der Wintersportorte zumindest zum Teil durch eine noch intensivere Bewerbung der Stadt Salzburg ausgeglichen werden. Die Aufstellung mit den nächtigungsstärksten Gemeinden in der Wintersaison 2005/06 enthält an 9. Stelle Salzburg, ein Indiz für das hohe Tourismuspotenzial der Landeshauptstadt.[393]

Der Städtetourismus in Österreich entwickelt sich zu einem immer bedeutenderen Tourismuszweig, 16 % der gesamten Nächtigungen entfallen auf Städte mit mindestens 10.000 EinwohnerInnen.[394] 73 % der Übernachtungsgäste in den österreichischen Städten sind AusländerInnen, hauptsächlich aus Deutschland. Die durchschnittliche Aufenthaltsdauer beträgt in den Landeshauptstädten 2,1 Tage; der/die typische StädtetouristIn ist mit 42 Jahren jünger als der/die übliche Österreich-UrlauberIn. 40 % der Städtetrips, deren Buchung meist kurzfristig erfolgt, sind Haupturlaubsreisen. Die Tagesausgaben der StädtetouristInnen übersteigen jene der durchschnittlichen Gäste um 1/3.[395]

Die Österreich Werbung entwarf für die Zukunft des Städtetourismus 4 Positivszenarien mit Wasser-, Geschichts-, Erlebnis- und Hightech-Städten sowie 1 Negativszenario, welches die Stadtflucht beinhaltet. Das **„History Telling"** Szenario kennzeichnet Städte mit einem Schwerpunkt auf authentischer Geschichte, zu vermeiden sind Verkitschung und eine ungenaue Darstellung der Vergangenheit.[396] Beim **„Aqua City"** Szenario stehen Städte im Mittelpunkt, welche entlang eines Flusses situiert sind. Durch Renaturierungsmaßnahmen soll die Lebensqualität erhöht und derart auf den wachsenden Wellness-Trend reagiert werden. Diese Szenarien sind aus Sicht der TourismusexpertInnen am Erstrebenswertesten, da diese auf den bestehenden Strukturen aufbauen und die Einzigartigkeit jeder Stadt am Besten wiedergeben können.[397]

---

[393] Vgl. http://www.austriatourism.com/scms/media.php/8998/Ortereihung%20Winter%202005-06.pdf, Zugriff am 30.04.2007.
[394] Vgl. http://www.austriatourism.com/xxl/_site/int-de/_area/465219/_subArea/465253/_id/484401/trends.html, Zugriff am 19.04.2007.
[395] Vgl. http://www.schule.at/dl/Gaestetypen.doc, Zugriff am 19.04.2007.
[396] Vgl. http://www.austriatourism.com/scms/media.php/8998/Die%20Zukunft%20des%20St%C3%A4dtetourismus.pdf, S. 5, Zugriff am 30.04.2007.
[397] Vgl. ebenda, S. 6.

4.6.4 Kompensation durch Sommertourismus

Neben dem Temperaturanstieg wird in den nächsten Jahrzehnten auch eine Zunahme an Sommer- und Hitzetagen erwartet.[398] Schon jetzt zeichnet sich ein Anstieg so genannter „Tropentage", darunter versteht man Tage mit einem Temperaturmaximum über 30° C, ab. Seit 1950 ist das tägliche Maximum der Sommertage um 2° C gestiegen im Vergleich zum Zeitraum zwischen 1900 und 1950.[399] Die Zahl der Sommertage mit Temperaturen über 25° C wird sich bis zum Jahr 2050 auf bis zu 80 Tage pro Jahr verdoppeln.[400] Mit Temperaturen von mehr als 40° C im Sommer werden Regionen im Mittelmeerraum für viele Urlauber langfristig zu heiß werden.[401]

Diese Entwicklung könnte eine große Chance für den Sommertourismus in Österreich bedeuten. Unsere Gebirgs- und Seenregionen würden dann mit ihren vergleichsweise kühlen Temperaturen ungleich angenehmer für Erholungssuchende sein.[402] In der abgelaufenen Sommersaison 2007 litt der Mittelmeerraum unter Quallenplagen, Waldbränden und extremen Temperaturen. Angesichts dessen wichen viele Urlauber vermehrt nach Österreich aus. Die Naherholungsziele erfreuen sich offenbar steigender Beliebtheit.[403] Laut Statistik Austria wurden im Sommer 2007 erstmals seit 2003 wieder mehr als 60 Mio. Nächtigungen verzeichnet – 60,9 Mio. Übernachtungen bedeuten eine Steigerung von + 3,3 % gegenüber 2006. Auch bei den deutschen Gästen wurde seit Langem erneut ein Zuwachs verbucht.[404]

Hinsichtlich der bevorzugten Aktivitäten im Sommerurlaub wurden bei einer Gästebefragung der Österreich Werbung im Sommer 2006 Erholung, Wandern bzw. Bergsteigen sowie allgemein Aktivsein am Häufigsten genannt (siehe Abbildung 28 – Mehrfachantworten möglich).[405] Daraus abgeleitet wurde bei den bedeutsamsten Urlaubsmotiven ebenso Erholen/Entspannen, Aufenthalt in der Natur und eine Auszeit vom Alltagstrott angeführt.[406] Der/die SommerurlauberIn in Österreich ist durchschnittlich 51 Jahre alt, wobei die Altersgruppe der über 60jährigen mit 34 % domi-

---
[398] Vgl. o.V., OÖN, 23.06.2007, S. 37.
[399] Vgl. Naturfreunde Österreich 2004, S. 12.
[400] Vgl. o.V., OÖN, 23.06.2007, S. 37.
[401] Vgl. Kromp-Kolb/Formayer 2005, S. 108.
[402] Vgl. ebenda.
[403] Vgl. Schuhmann, OÖN, 01.08.2007, S. 11.
[404] Vgl. http://www.austriatourism.com/xxl/_site/int-de/_area/465219/_subArea/465247/_id/825948/tourismusforschung.html, Zugriff am 11.12.2007.
[405] Vgl. Michl 2006b, S. 13.
[406] Vgl. ebenda, S. 16.

niert. Daneben sind jeweils rund 1/5 der Gäste 40 - 49 bzw. 50 - 59 Jahre alt.[407] Der hohe Altersschnitt bei den typischen Sommergästen ist angesichts der zukünftigen demografischen Entwicklung ein positives Signal dafür, dass bereits jetzt die aussichtsreichste und zahlenmäßig am stärksten vertretene Zielgruppe angezogen wird.

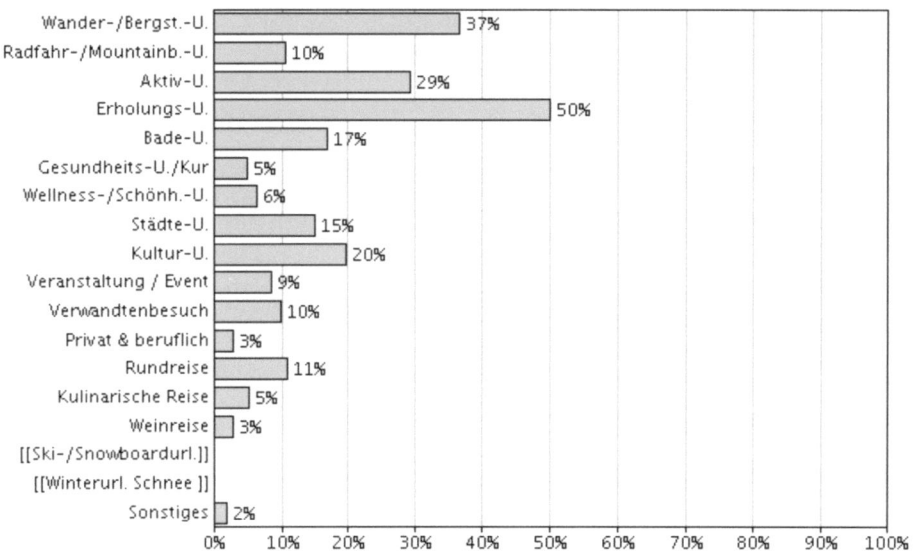

Abbildung 28: Art von Sommerurlaub
(Michl 2006b, S. 13)

Nach einer rückläufigen Entwicklung Mitte der 90er Jahre zeigt der **Bergsommertourismus** in Österreich seit 1998 wieder leicht ansteigende Tendenz. Ein Grund war sicherlich die mangelnde Vermarktung des Berg- und Wanderurlaubs in den Medien. Als Konsequenz wurden die Angebots- und Preisgestaltung sowie die Positionierung komplett überarbeitet.[408] Das neue, verjüngte Image durch Trendsportarten wie Moutainbiking, Nordic Walking, usw. bewirkte eine Modernisierung des Bergsommers, welche im Wintertourismus schon ein Vierteljahrhundert zuvor stattgefunden hatte.[409] Nichtsdestotrotz erfolgt das Wachstum im alpinen Sommertourismus nach wie vor zu schleppend. Eine Intensivierung der Maßnahmen als Reaktion auf das vorhandene Interesse am Berg- und Wandererlebnis ist demnach erforderlich.[410]

Die Tatsache, dass ein Großteil des Alpentourismus in der warmen Jahreszeit stattfindet und überdies der Gesamtumsatz im Sommer wesentlich höher ist als jener im Winter, wird oft übersehen. Dieser Gesichtspunkt erscheint wesentlich angesichts

---

[407] Vgl. ebenda, S. 20.
[408] Vgl. Haimayer 2003, S. 20.
[409] Vgl. Luger/Rest 2002, S. 29.
[410] Vgl. Haimayer 2003, S. 20.

der Fokussierung auf den Schisport in Bezug auf den Tourismus im österreichischen Alpenraum.[411] Dennoch gibt es auch einige negative Aspekte im Zusammenhang mit dem Bergsommertourismus. Die Billigangebote für Nah- und Fernreisen per Flugzeug stellen eine große Konkurrenz dar.[412] Alpine Reiseziele können im Gegenzug zu südlichen Destinationen keine Sonnengarantie abgeben.[413] Weiters wird bei realistischer Betrachtung der Sommertourismus die Umsatzentgänge aus dem Wintertourismus nicht vollkommen aufheben können.[414]

Mit der Sommerfrische in Österreich verbinden viele Menschen heutzutage ein biederes und langweiliges Angebot.[415] Vormals beliebte Fremdenverkehrsregionen wie das oberösterreichische Salzkammergut haben durch das verstaubte Image in den letzten Jahren massive Einbußen erlitten.[416] Das Vorhandensein von Seen mit Trinkwasserqualität und die malerische Landschaft alleine genügen den UrlauberInnen schon lange nicht mehr. Vielmehr sind touristische Leitbetriebe notwendig, welche besten Service, Kreativität und moderne Gastlichkeit bieten.[417] Die TouristikerInnen sind daher gefordert, zeitgemäße und innovative Angebote zu entwickeln. Darüber hinaus ist die Schaffung einer Dachmarke für den Sommerurlaub in Österreich anzuraten.[418]

Szenarien für die Zukunft des Sommertourismus in Österreich beinhalten überwiegend die Elemente Natur- und Bergerlebnis sowie unsere intakte Umwelt im Allgemeinen. Die heimische Position als Marktführer im Bergtourismus – 1/3 aller EuropäerInnen kommen für diesen Zweck nach Österreich – ist eine sehr gute Ausgangsbasis für zukünftige Strategien.[419] Maßnahmen zur Neubelebung des Sommertourismus in Österreich müssen jedenfalls folgende Punkte umfassen:
- österreichweiter Tourismus-Masterplan
- mehr Internationalisierung: Abhängigkeit von deutschen Gästen vermindern
- Gewinnung von jüngeren Urlaubsgästen

---

[411] Vgl. o.V., CIPRA INFO 83/2007, S. 6.
[412] Vgl. Abegg 1996, S. 183.
[413] Vgl. Luger/Rest 2002, S. 29.
[414] Vgl. Abegg 1996, S. 183.
[415] Vgl. ebenda.
[416] Vgl. Haas, OÖN, 15.09.2007, S. 17.
[417] Vgl. Haas, OÖN, 04.08.2007, S. I 3.
[418] Vgl. o.V., OÖN, 04.06.2007, S. 7.
[419] Vgl. http://www.austriatourism.com/xxl/_site/int-de/_area/465219/_subArea/465253/ _id/484421/trends.html, Zugriff am 19.04.2007.

- Verbesserung der Dienstleistungskette im Tourismus
- Saisonverlängerung durch wetterunabhängige Angebote
- Angebots-Inszenierung[420]

Aktuelle Studien über die Zukunft des Tourismus in den Alpen bestätigen, dass der Sommerurlaub durch den Klimawandel eher gewinnen und der Winterurlaub nicht zuletzt aufgrund der veränderten Gästestruktur und der steigenden Schneeunsicherheit eher verlieren wird.[421] Abschließend noch ein interessanter Aspekt zur Stärkung des in den Schigebieten großteils stark vernachlässigten Sommertourismus: Bei unzureichender Schneelage zum gebuchten Urlaubszeitpunkt wären rund 30 % der WinterurlauberInnen aus dem Raum Wien bereit, anstelle von 4 Tagen Schifahren auch 7 Tage Sommerurlaub in der gleichen Region als Kompensation für den entgangenen Schiurlaub zu akzeptieren.[422] Diese Alternative blieb in den bisherigen Diskussionen um die Zukunft des Wintertourismus noch weitgehend unberücksichtigt.

4.6.5 Sanfte Mobilität

Eine Veränderung des Modal Split erfordert die Kooperation der Tourismusverantwortlichen mit Politik und Verkehrsbetrieben. Die Aufgaben des Verkehrssektors erstrecken sich auf die Schaffung von komfortablen An- und Abreiseverbindungen per Bus und Bahn zum Urlaubsort mit wenigen Umstiegen, welche auch eine optimale Reiselogistik umfassen.[423] Die Entwicklung von umweltverträglichen, sanft-mobilen Angeboten ist kurzfristig nicht realisierbar. Erst durch ausgereifte Verkehrslösungen und kontinuierliche Informationen lassen sich UrlauberInnen schrittweise zur Benützung öffentlicher Verkehrsmittel animieren. Ein derartiger Verhaltenswandel ist daher an eine dauerhaft angelegte Partnerschaft zwischen Destinationen (Wintersportorte) und Verkehrsunternehmen (Bus- und Bahnbetreiber) geknüpft.[424]

---

[420] Vgl. http://www.oehv.at/?seIDM=45GUVI73-S67Y-J1Q5-7Y0B-QTWMFI504EXR&sel DA=S55XD49J-D9F8-VNGH-9RYE-ITDXAZPAB90P, Zugriff am 14.05.2007.
[421] Vgl. Popp, CIPRA INFO 83/2007, S. 11.
[422] Vgl. Pröbstl 2006, S. 2.
[423] Vgl. BMLFUW 2006a, S. 13.
[424] Vgl. ebenda, S. 36.

Durch das Anbieten individueller Mobilitätskonzepte für die gesamte Reise soll den UrlauberInnen der Umstieg auf öffentliche Verkehrsmittel schmackhaft gemacht werden. Als Vorbild hierfür sollen die Pauschalreisen per Flugzeug in den Süden, wo auch der Transfer vom Flughafen zum Hotel inkludiert ist, dienen.[425] In der Vergangenheit haben sich insbesondere Gesamtpakete wie etwa Wochenend-Schizüge (Reise, Übernachtung, Schipass und -ausrüstung) oder Kombiangebote für Sport- und Kulturveranstaltungen (Reise, Ticket für Veranstaltung, Übernachtung) bewährt.[426] Darüber hinaus bedeutet die Möglichkeit der Entlehnung von Freizeit- und Sportausrüstung vor Ort einen weiteren Zusatznutzen für die Urlaubsgäste. Das Ausprobieren von modernem Material ist reizvoll und der umständliche Transport entfällt.[427]

Die Einrichtung von **Mobilitätszentralen** ist eine wichtige Maßnahme zur Förderung der sanften Mobilität. Besonders UrlauberInnen, welche sich nicht mit der Planung ihrer An- und Abreise beschäftigen möchten, können sich hier auf bequeme Art und Weise ein vollständig durchorganisiertes Mobilitätskonzept anbieten lassen. Die Aktualität der Daten wird durch regelmäßige Koordination mit den örtlichen Tourismusorganisationen gewährleistet.[428] Ein reibungslos funktionierender Gepäcktransport von Tür zu Tür ist in diesem Zusammenhang sicherlich ein wesentliches Kriterium für die Anreise mit Bus oder Bahn. Die Beförderung kann entweder von privaten Logistikfirmen oder den Verkehrsunternehmen selbst durchgeführt werden. Gegenüber dem derzeitigen Gepäckaufgabesystem am Bahnhof wäre dies ein entscheidender Vorteil.[429]

Am Urlaubsort wollen die TouristInnen durch umfassende, jederzeit verfügbare Informationen über die Angebote des ÖPNV spontan während ihres Aufenthalts entscheiden können, wohin sie ihre Ausflüge in die Umgebung führen und welches Verkehrsmittel sie dafür wählen.[430] In der nachfolgenden Abbildung 29 ist die Attraktivität verschiedener umweltfreundlicher Alternativen unter deutschen UrlauberInnen abgebildet. Interessanterweise ergab die Umfrage, dass selbst bei Personen, welche mit

---

[425] Vgl. Buchert 2001, S. 95 ff.
[426] Vgl. BMLFUW 2006a, S. 45.
[427] Vgl. Meier 2002, S. 384 f.
[428] Vgl. Buchert 2001, S. 95 ff.
[429] Vgl. Meier 2002, S. 384.
[430] Vgl. Buchert 2001, S. 95 ff.

dem eigenen PKW zum Urlaubsort anreisen, ein Bedarf an derartigen Angeboten zur Mobilität vor Ort besteht. Wesentlich sind allerdings nicht alleine die Existenz sanftmobiler Angebote, sondern auch detaillierte Auskünfte über Preise und Fahrpläne.[431]

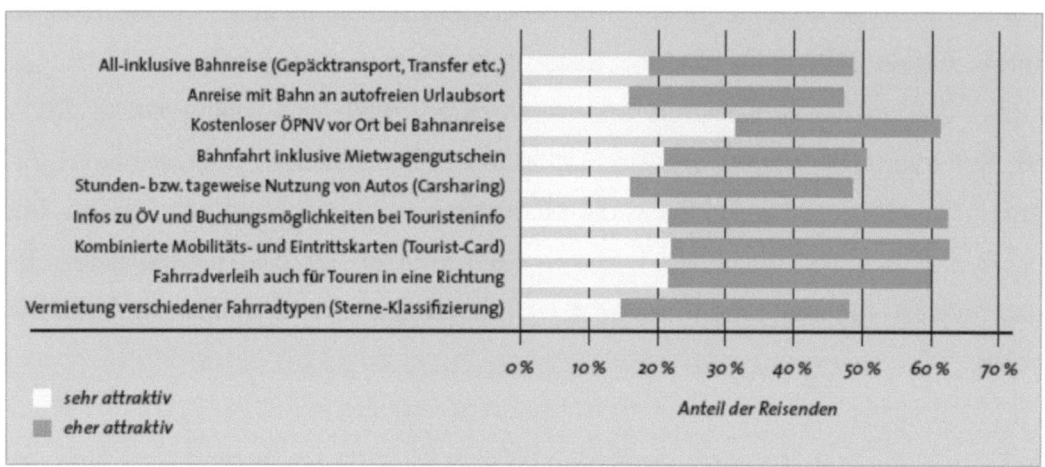

Abbildung 29: Attraktivität sanft-mobiler Angebote am Urlaubsort bei deutschen Urlaubern
(BMLFUW 2006a, S. 62)

Die Motive der UrlauberInnen, sich nicht umweltbewusst zu verhalten, sind vor allem Bequemlichkeit, Zeitaufwand, Gedankenlosigkeit und höhere Kosten.[432] Die Einbeziehung dieser Barrieren bei der Betonung der Vorteile durch die Benutzung öffentlicher Verkehrsmittel spielt eine wesentliche Rolle. Der Vorzug der Zeitersparnis kann zum einen durch Bahnkarten inklusive Schipass, welche das Anstellen in der Warteschlange an den Kassen erübrigen, beworben werden. Zum anderen kann eine abschreckende Berichterstattung in den Medien über das zu erwartende Verkehrschaos auf den Straßen ebenfalls zweckdienlich sein.[433] Der oft mühsamen Anreise mit dem PKW in den Winterurlaub (Stau, verschneite Straßen) werden die Annehmlichkeiten einer bequemen, stressfreien Anreise per Bahn gegenübergestellt.[434]

Letztlich muss jedoch auch ein preislicher Vorteil gegenüber der Anreise mit dem eigenen PKW verbunden sein. Durch Zusatznutzen wie unentgeltliche Benützung des ÖPNV am Urlaubsort oder freier Eintritt zu Sehenswürdigkeiten stellen die öffentlichen Verkehrsmittel eine attraktive und bequeme Alternative zum PKW dar.[435] Für die Zielgruppe der Familien könnten Kinderhotels Angebote entwickeln, welche

---
[431] Vgl. BMLFUW 2006a, S. 62.
[432] Vgl. Kirstges 1995, S. 128.
[433] Vgl. Bueller, Umwelt 1/05, S. 25 f.
[434] Vgl. Holzer, CIPRA INFO 81/2006, S. 9.
[435] Vgl. Buchert 2001, S. 95 ff.

Bahnfahrt, Transfer und den Verleih von Sportgeräten beinhalten. Auch andere, preisbewusste UrlauberInnen, wie etwa Jugendliche, lassen sich durch Pauschalangebote, welche sämtliche Kosten beinhalten, und so das Urlaubsbudget besser kalkulierbar machen, gewinnen.[436] In diesem Zusammenhang darf dennoch nicht übersehen werden, dass nicht nur der Preis sondern auch die Qualität stimmen muss.[437]

Neben einer konsequenten Kundenorientierung ist die **Förderung von Nahzielen** eine ebenso wichtige Strategie zur Forcierung sanfter Mobilitätsangebote. Damit werden 2 Ziele verfolgt. Einerseits werden die zurückgelegten Entfernungen und somit die Emissionen an Luftschadstoffen reduziert. Andererseits eignen sich die sanftmobilen Angebote aufgrund des zeitlichen Aspekts am Besten für den grenzüberschreitenden Verkehr zwischen Nachbarländern.[438] Dies bedeutet konkret die Konzentration der Marketingaktivitäten auf TouristInnen in den angrenzenden Ländern (Deutschland, Italien, Tschechien, Ungarn, etc.) und Einstellung der Anstrengungen im Fernen Osten oder den USA.[439] Auch wenn nicht jeder Urlaubertyp für jedes Nahziel in Frage kommt, steckt doch erhebliches Potenzial in dieser Strategie.[440]

4.7 *Fallbeispiel für sanften Wintertourismus im österreichischen Alpenraum*

Der Wintersportort Werfenweng im Salzburger Pongau ist eine Gemeinde, welche seit über 10 Jahren Maßnahmen für sanfte Mobilität umsetzt. Der kleine, im Hochgebirge gelegene Ort mit 800 EinwohnerInnen und einem vergleichsweise kleinen Schigebiet ist neben Bad Hofgastein einer der beiden Pioniere für autofreien Tourismus in Österreich.[441] Die Entstehung des Tourismus in Werfenweng begann in den 50er Jahren mit Sommerfrischlern und Wanderern. Der Wintertourismus startete schließlich 1969 mit dem Bau der Tennengebirgsbahnen. Durch die Anbindung des Ortes an die Tauernautobahn im Jahr 1979 erfuhr der Tourismus einen enormen

---

[436] Vgl. BMLFUW 2006a, S. 64.
[437] Vgl. Buchert 2001, S. 95 ff.
[438] Vgl. BMLFUW 2006a, S. 65.
[439] Vgl. BMLFUW 2006a, S. 23.
[440] Vgl. ebenda, S. 65.
[441] Vgl. http://www.salzburg.gv.at/en/praesentation_werfenweng.pdf, S. 4 f., Zugriff am 17.12.2007.

Aufschwung. Der Fremdenverkehr wurde zum wichtigsten Wirtschaftszweig für Werfenweng und somit zur Lebensgrundlage für den Großteil der Bevölkerung.[442]

Betrachtet man die Entwicklung des Umweltschutzes in den letzten Jahrzehnten auf überregionaler Ebene, d.h. im Bundesland Salzburg, offenbart sich das frühzeitig vorhandene Bewusstsein der PolitikerInnen für dessen Wichtigkeit. Anfang der 70er Jahre bewirkte die erste große Bürgerinitiative „Schützt Salzburgs Landschaft" eine Neubewertung der touristischen Infrastruktur. Als Konsequenz daraus aber auch als Reaktion auf die deutlich gestiegene Umweltsensibilität der UrlauberInnen verfügte die Landesregierung schließlich in den 80er Jahren für die Erschließung neuer Schi- und Sportgebiete eine Pause von 10 Jahren. Reglementierungen für Beschneiungsanlagen traten bereits Anfang der 90er Jahre in Kraft.[443] Diese Strömungen waren sicherlich begünstigend für den Start des Pilotprojekts „Sanfte Mobilität" in Werfenweng.

Zur Bewahrung der wichtigsten Ressource im Tourismus, der intakten Landschaft, wendete sich die Gemeinde im Jahr 1996 vom Massentourismus ab und schlug den Weg des sanften Tourismus ein.[444] Die volle Unterstützung der Verantwortlichen (Bürgermeister, Tourismusverband) sowie die geografische Lage (kein Durchzugsverkehr) machten Werfenweng prädestiniert für diesen Schritt.[445] Die Philosophie der „Entschleunigung" wurde zum Schlagwort für alle Werbeaktivitäten. Durch die Benutzung sanft-mobiler Verkehrsmittel wie Pferdekutschen soll ein symbolischer Gegenpol zum hektischen Alltag geschaffen und eine intensivere Wahrnehmung der Umgebung ermöglicht werden. Auch optisch wurde diese Leitthema durch die „Lichtspiele der Langsamkeit" inzwischen umgesetzt.[446]

Folgende Maßnahmen für sanfte Mobilität wurden bisher in Angriff genommen:[447]
- Kostenloser Transfer zwischen Werfenweng und dem Bahnhof Bischofshofen

---

[442] Vgl. http://www.geo.sbg.ac.at/Staff/weingartner/Pro_Tourismus/tourismus.htm, Zugriff am 20.02.2007.
[443] Vgl. Bachleitner 2000, S. 70 ff.
[444] Vgl. http://www.geo.sbg.ac.at/Staff/weingartner/Pro_Tourismus/tourismus.htm, Zugriff am 20.02.2007.
[445] Vgl. Mettler 2002, S. 132.
[446] Vgl. ebenda, S. 133.
[447] Vgl. http://www.salzburg.gv.at/en/praesentation_werfenweng.pdf, S. 6, Zugriff am 17.12.2007.

- Zahlreiche, unentgeltliche Alternativangebote vor Ort: Elektro- und Funfahrzeuge, Taxiservice mit Chauffeur, Pferdekutschen
- 48 Unterkunftsbetriebe der Kategorie „Urlaub vom Auto" bieten Vorteile für autofreie UrlauberInnen – exakte Vorschriften für Mitgliedsbetriebe sind zu erfüllen[448]
- Geschwindigkeitsreduzierung im Ortsgebiet und Parkplätze am Ortsrand[449]

Gemeinsam mit Bad Hofgastein sowie weiteren Modellregionen in Deutschland und Italien ist Werfenweng Mitglied des Netzwerks „**Alps Mobility**". Dieses Pilotprojekt für umweltfreundliche Reiselogistik mit elektronischen Buchungs- und Informationssystemen in alpinen Tourismusregionen wurde im Rahmen des EU-Aktionsprogramms „Raumordnung im Alpenraum" 1996 ins Leben gerufen.[450] Mobilitätszentralen stellen bereits in der Anfragephase Informationen über die ideale Anreiseroute mit öffentlichen Verkehrsmitteln zur Verfügung. Der Gepäcktransport wird „von Tür zu Tür" organisiert. Des Weiteren eröffnet eine Vielzahl an Angeboten den Urlaubern mehr Komfort und Preisnachlässe während ihres Aufenthalts.[451]

Das Netzwerk „Alps Mobility II", besser bekannt unter der Bezeichnung „**Alpine Pearls**" ist eine Fortführung des im Jahr 2001 beendeten o.a. Pilotprojekts.[452] Dieser Zusammenschluss von 21 Gemeinden im Alpenraum (siehe Abbildung 30) setzt das Prinzip, Urlaub mit umweltfreundlicher Mobilität anzubieten, fort. Dennoch sehen sich die „Alpine Pearls" nicht als Autohasser.[453] Die „Perle" gilt als Sinnbild für einen außergewöhnlich schönen Urlaubsort in den Alpen. Im Vordergrund der Initiative stehen nachhaltige, umweltverträgliche Mobilität und innovative touristische Produktentwicklung. Grundlage für eine Teilnahme am Netzwerk ist ein Kriterienkatalog, welcher alle Bereiche eines attraktiven, sanft-mobilen Urlaubsortes beinhaltet: Verkehr, Tourismus, Regionalentwicklung, Umwelt, Kultur und Bürgerbeteiligung.[454]

---

[448] Vgl. Mettler 2002, S. 133.
[449] Vgl. http://www.geo.sbg.ac.at/Staff/weingartner/Pro_Tourismus/tourismus.htm, Zugriff am 20.02.2007.
[450] Vgl. http://www.alpsmobility.net, Zugriff am 18.12.2007.
[451] Vgl. Baumgartner 2002a, S. 325.
[452] Vgl. http://www.alpsmobility.net, Zugriff am 18.12.2007.
[453] Vgl. Metzger, OÖN, 09.06.2007, o.S.
[454] Vgl. BMLFUW 2006a, S. 67.

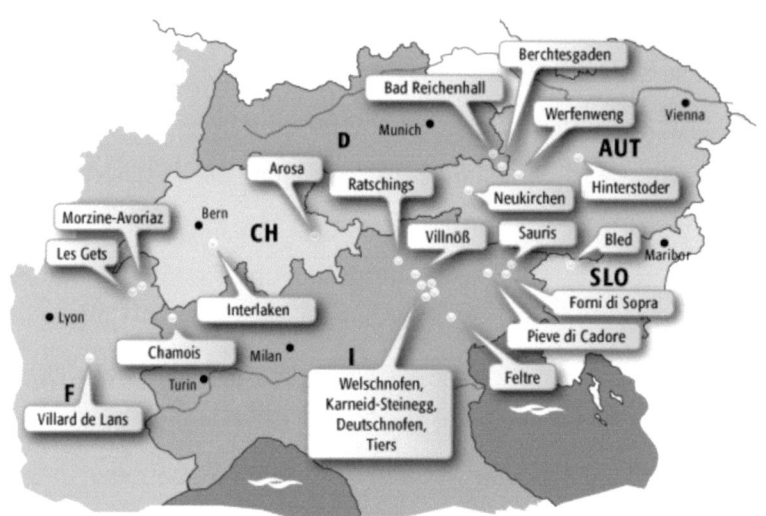

Abbildung 30: Mitgliedsgemeinden von „Alpine Pearls"
(http://www.alpine-pearls.com/alpine_pearls/live/ap_navi/powerslave,id,60,nodeid,60,_language,de,
Zugriff am 18.12.2007)

Daneben ist Werfenweng auch im Vorsitz von „*Alpine Awareness*" und „*Mobil Alp*", welche ebenfalls Plattformen für sanfte Mobilität sind. Ersteres ist ein Projekt zur Sensibilisierung und Bewusstseinsbildung in Hinsicht auf nachhaltige Mobilität im europäischen Alpenraum. Mithilfe von „Mobil Alp" soll indessen ein Netzwerk an Mobilitätsangeboten mit anderen Regionen und Destinationen aus Europa entstehen.[455]

Tourismusorte, welche auf einen sanft-mobilen Urlaub setzen, müssen keineswegs einen Rückgang der Gästezahlen befürchten. Vielmehr werden sie in Zukunft von der Abwanderung der UrlauberInnen aus touristischen Massenzentren und den stetig steigenden Kosten des privaten Individualverkehrs profitieren. Die Umsätze autofreier Urlaubsorte entwickelten sich in den letzten Jahren überdurchschnittlich, die Einnahmen pro Urlaubsgast lagen 10 – 15 % über dem Durchschnitt. Darüber hinaus sichern Dienstleistungen wie umweltfreundliche Transportmittel und der Verleih von Sportausrüstung regionale Wertschöpfung und somit Arbeitsplätze im Ort.[456] Der Vorzeigecharakter sanft-mobiler Destinationen steigert den Selbstwert von Einheimischen und MitarbeiterInnen und trägt dadurch zu einem nachhaltigen Tourismus bei.[457]

---

[455] Vgl. BMLFUW 2006a, S. 68 f.
[456] Vgl. ebenda, S. 39.
[457] Vgl. Mettler 2002, S. 133.

In Werfenweng zeigte sich der Erfolg der Maßnahmen nach kurzer Zeit. Der Anteil der mit der Bahn anreisenden Dauergäste verdreifachte sich zwischen 1997/98 und 2000/01 von 9 % auf 25 %. Dadurch wurden 1,2 Mio. PKW-km und 375 t CO_2-Emissionen eingespart.[458] Die nachfolgende Abbildung 31 zeigt die Entwicklung der Fahrgastzahlen beim Shuttledienst zwischen Werfenweng und dem Bahnhof Bischofshofen. Demnach stieg die Anzahl der beförderten Passagiere zwischen 1999 und 2003 um mehr als das 10fache.[459]

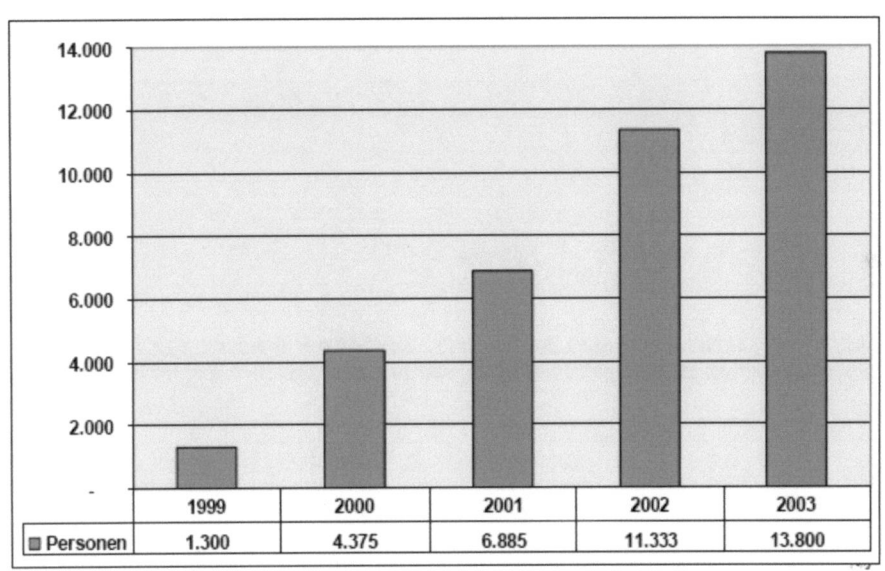

Abbildung 31: Fahrgastzahlen Werfenweng-Shuttle 1999 – 2003
(http://www.salzburg.gv.at/en/praesentation_werfenweng.pdf, S. 9, Zugriff am 17.12.2007)

Inzwischen sind ca. 70 % der Unterkunftsbetriebe Mitglied der Angebotsgruppe „Sanfte Mobilität" (SAMO). Im Jahr 2003 waren die gesamten Nächtigungszahlen im Bundesland Salzburg rückläufig, in Werfenweng stiegen sie hingegen.[460] Dort wuchsen die Übernachtungen zwischen 1998 und 2003 von 165.000 auf 209.000 (+ 26 %), wobei die Zuwächse nur bei den SAMO-Betrieben erbracht wurden (2003: 118.000 Nächtigungen = + 75 %). Alle anderen Beherbergungsbetriebe mussten Einbussen (2003: 91.000 Nächtigungen = – 7 %) verzeichnen.[461] In den Abbildungen 32 und 33 ist diese Entwicklung nochmals im Detail dargestellt.

---

[458] Vgl. http://www.global2000.at/pages/gnews03_1kl1.htm, Zugriff am 20.02.2007.
[459] Vgl. http://www.salzburg.gv.at/en/praesentation_werfenweng.pdf, S. 9, Zugriff am 17.12.2007.
[460] Vgl. o.V., Fahrgast Kärnten Nr. 3/2006, S. 14.
[461] Vgl. o.V., Südtiroler Wirtschaftszeitung, 06.04.2007, S. 21.

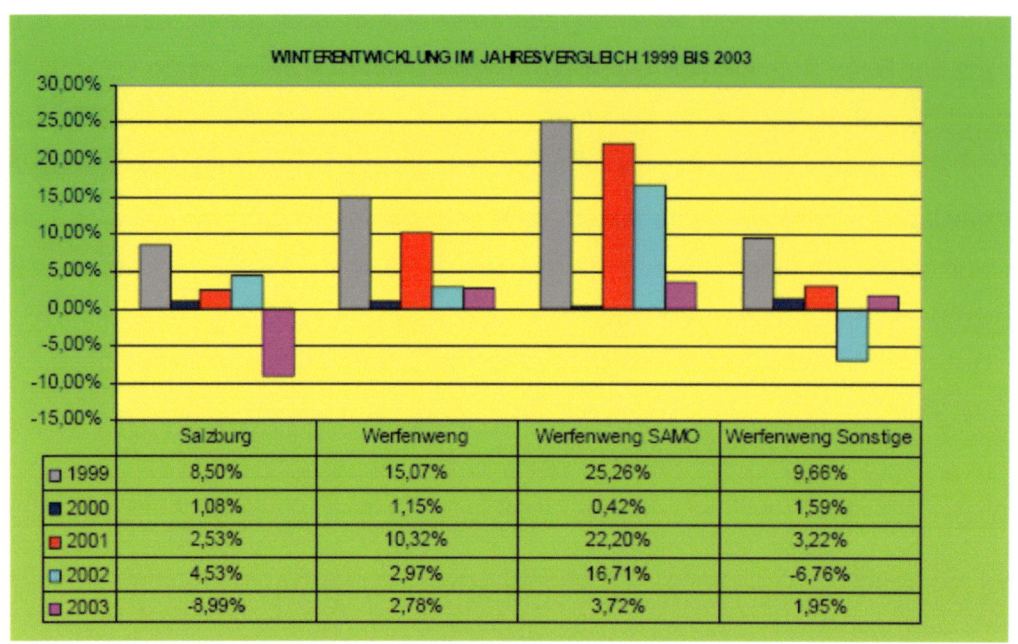

Abbildung 32: Nächtigungen Bundesland Salzburg + Werfenweng 1999 – 2003
(http://www.salzburg.gv.at/en/praesentation_werfenweng.pdf, S. 7, Zugriff am 17.12.2007)

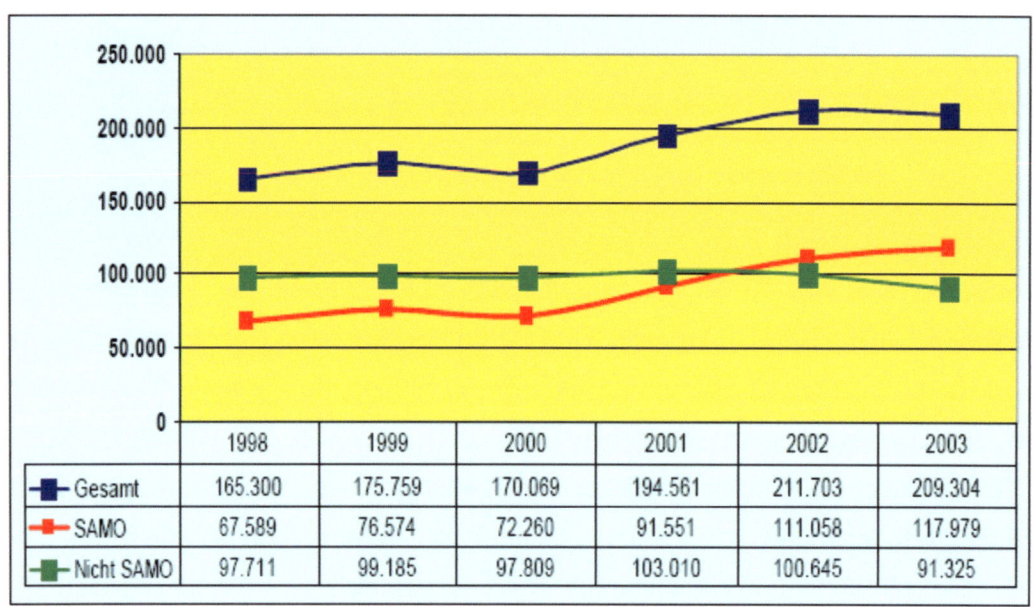

Abbildung 33: Nächtigungen Werfenweng 1998 – 2003
(http://www.salzburg.gv.at/en/praesentation_werfenweng.pdf, S. 8, Zugriff am 17.12.2007)

Für ihre Verdienste um die Förderung umweltverträglicher Mobilität hat die Gemeinde Werfenweng zwischenzeitlich zahlreiche Auszeichnungen erhalten. 2007 wurde etwa der „Climate Star" an das Netzwerk „Alpine Pearls" verliehen. Dieses konnte sich damit gegen mehr als 50 Bewerbungen aus ganz Europa durchsetzen.[462] Doch nachdem Stillstand Rückschritt bedeuten würde, will sich Werfenweng keinesfalls mit dem Erreichten zufrieden geben. Im Konkreten soll die touristische Profilierungsstrategie „Sanfte Mobilität – Urlaub vom Auto" noch weiter vertieft werden um Werfenweng zum Bahn-Urlaubsort Nr. 1 in Europa zu machen. Die wesentlichen Schwerpunkte für die zukünftige Entwicklung sind in Abbildung 34 ersichtlich.[463]

Abbildung 34: Zukünftige Strategien für Werfenweng
(http://www.salzburg.gv.at/en/praesentation_werfenweng.pdf, S. 13, Zugriff am 17.12.2007)

---

[462] Vgl. http://www.werfenweng.org/show_berichtdetail.php?ber_id=1515&fpid=318, Zugriff am 17.12.2007.
[463] Vgl. http://www.salzburg.gv.at/en/praesentation_werfenweng.pdf, S. 12, Zugriff am 17.12.2007.

5 Zusammenfassung

Die Studie beschäftigt sich einleitend mit den verschiedenen Seiten des Wintertourismus im österreichischen Alpenraum. Diese umfassen die historische Entwicklung, statistische Daten, Infrastruktur, Trends und den Beitrag des Wintertourismus zum Klimawandel. In der Folge werden die bisherigen und zukünftig zu erwartenden Klimaänderungen im europäischen Alpenraum anhand der Bereiche Temperatur, Niederschlag und Schneelage erörtert. Im Anschluss daran werden die wirtschaftlichen und zum Teil auch die ökologischen Auswirkungen der globalen Erwärmung auf den Wintertourismus erforscht.

Aufbauend auf diesen Erkenntnissen werden Maßnahmen für Politik und öffentliche Organisationen formuliert. Insbesondere die Bereiche Raumplanung und Verkehrspolitik sind in diesem Zusammenhang bedeutend. Des Weiteren werden Strategien für einen nachhaltigen Wintertourismus aufgezeigt. Als Fallbeispiel für die erfolgreiche Umsetzung sanfter Mobilität wird das Konzept der Salzburger Gemeinde Werfenweng präsentiert. Anschließend werden in einer differenzierten Abhandlung neben dem Klimawandel auch noch andere Einflussfaktoren auf die Zukunft des österreichischen Wintertourismus aufgezeigt. Zuletzt werden Handlungsempfehlungen für eine nachhaltige Gestaltung des Wintertourismus abgegeben.

6 Kritischer Diskurs

Einige Szenarien zum Klimawandel zeigen in eine völlig andere Richtung. Sie prognostizieren eine deutliche Abkühlung in der nahen Zukunft. Obwohl diese Annahmen sehr weit hergeholt sind, sollte dennoch kurz darauf eingegangen werden. Auch in der Absicht, diese Arbeit nicht zu einseitig erscheinen zu lassen. Aufgrund der weltweiten Erwärmung könnte der Golfstrom innerhalb der nächsten 100 Jahre völlig oder zumindest teilweise zum Erliegen kommen. Die dadurch ausgelöste Abkühlung um 4 – 6° C würde hauptsächlich alle Länder am Rande des Nordatlantiks, somit auch Österreich, betreffen. Das Ausmaß der Abkühlung würde zwar die bis dahin stattgefundene Erwärmung kompensieren. Allerdings würde sich die Menschheit zwischenzeitlich an die höheren Temperaturen angepasst haben und die rasche Abkühlung würde ebenso massive Probleme wie eine Erwärmung mit sich bringen.[464]

Ohne die Ernsthaftigkeit der Auswirkungen des Klimawandels zu negieren, sollten dennoch bei den zukünftigen Strategien für den Wintertourismus in Österreich weitere Einflussfaktoren nicht vollkommen übersehen werden. Dazu zählt nicht zuletzt der so genannte geografische Klimawandel, d.h. den Winterurlaub von vornherein im warmen Süden zu buchen. Aber auch der Strukturwandel im Tourismus und geänderte Ansprüche der UrlauberInnen spielen eine nicht unwesentliche Rolle. Die aktuellen Trends im Tourismus wie Last-Minute-Buchungen über Internet und der Wunsch nach Erlebnisurlaub verdrängen immer mehr den klassischen Schiurlaub.[465] Die Anpassungsmaßnahmen für den Wintertourismus im österreichischen Alpenraum sollten daher auf die Vielzahl der Einflussfaktoren abgestimmt sein.[466]

Auch der demografische Wandel wird sich auf das zukünftige Freizeitverhalten auswirken. Die Urlaubsaktivitäten der überwiegend älteren Bevölkerung werden sich von jenen der jüngeren Personen unterscheiden. Generell wird Schifahren für die kommenden Generationen nicht mehr so selbstverständlich sein wie für die jetzige, welche dies noch zum Großteil in Schikursen und –urlauben erlernt und praktiziert.[467]

---

[464] Vgl. Naturfreunde Österreich 2004, S. 19.
[465] Vgl. Pröbstl 2006, S. 2.
[466] Vgl. http://osiris.uba.de/gisudienste/Kompass/fachinformationen/tourismus.htm, Zugriff am 26.02.2007.
[467] Vgl. http://www.report.at/artikel.asp?mid=4&kid=1&aid=11456, Zugriff am 26.02.2007.

Der Geburtenrückgang sowie das rückläufige Interesse am Schisport seitens der Jugendlichen, welche vermehrt aus Migrantenfamilien stammen und somit keinen Bezug zum Schifahren haben, trägt das Seine dazu bei. Wenn ein Kind nicht bis zum 14. Lebensjahr Schi fährt, ist es meist für diesen Sport nicht mehr zu begeistern.[468]

Beim Schifahren wird sich darüber hinaus in den nächsten Jahren ein Wandel weg vom Breiten- hin zum Elitesport vollziehen. Die ansteigenden Kosten für künstliche Beschneiung aufgrund zunehmenden Schneemangels werden sich in den Preisen für Schipässe bemerkbar machen. Vor wenigen Jahren waren 30 € noch die Maximalgrenze bei Tageskarten, einstweilen liegt diese längst bei 40 € und sogar darüber. Angesichts dieser Entwicklung werden sich langfristig nur noch Besserverdiener das Schifahren leisten können. Schon heute kommen vermehrt betuchte Gäste aus Russland und China zum Winterurlaub nach Österreich. Für Familien und Jugendliche hingegen wird das Schifahren zunehmend unerschwinglich werden.[469]

---

[468] Vgl. Lehner, OÖN, 08.10.2007, S. 7.
[469] Vgl. http://www.report.at/artikel.asp?mid=4&kid=1&aid=11456, Zugriff am 26.02.2007.

7 Fazit

In diesem Kapitel werden die Hauptergebnisse der Arbeit sowie die dementsprechenden Handlungsempfehlungen für die Zukunft des Wintertourismus im österreichischen Alpenraum zusammengefasst. Die wesentlichen Einflussfaktoren werden insbesondere der Klimawandel und daneben neue Trends im Urlauberverhalten (kürzere Aufenthalte, spontane Reisen, höhere Qualitätsansprüche) sein. Aber auch die stetig wachsende Zahl der SeniorInnen aufgrund der demografischen Entwicklung wird einen entscheidenden Wandel der Zielgruppen bewirken.

In umweltrelevanter Hinsicht sind die Auswirkungen vor allem bezüglich des Klimawandels beachtlich. Zu den größten CO_2-Emittenten des Wintertourismus (100 %) zählen die Bereiche Unterkunft/Verpflegung mit 58 % sowie der Reiseverkehr mit 38 %. Die Beschneiungsanlagen erzeugen aufgrund ihres hohen Energieverbrauchs indirekt ebenfalls einen beachtlichen CO_2-Ausstoss. Weiters erfordert der Neubau von Schipisten die Abholzung von Wäldern, welche dann als natürliche CO_2-Reduzenten nicht mehr zur Verfügung stehen. Die Rodung von Wäldern ist zudem im Zusammenhang mit dem Verlust von Schutzzonen vor Naturkatastrophen überaus bedenklich. Generell wird das Auftreten von Naturkatastrophen wie Lawinen und Murenabgängen durch das Auftauen von Permafrost und Gletscherschwund – verursacht durch die globale Erwärmung - zukünftig stark zunehmen.

Die wirtschaftlichen Konsequenzen des Klimawandels werden für manche Orte und Regionen im österreichischen Alpenraum heftiger als für andere ausfallen. Vorwiegend wird der volkswirtschaftliche Schaden für jene Gebiete, welche die lokale Wirtschaft rein auf den Wintertourismus ausgerichtet haben und folglich davon extrem abhängig sind, bei Wegfall der Einnahmen aufgrund des Anstiegs der Schneefallgrenze enorm sein. Viele Schiregionen werden versuchen, den zunehmenden Schneemangel bzw. die unsichere Schneelage durch verstärkte Investitionen in künstliche Beschneiungsanlagen zu kompensieren. Bereits jetzt ist von Jahr zu Jahr ein starker Zuwachs derartiger Anlagen feststellbar. Die hohen Anschaffungskosten sowie den kostenintensiven Betrieb werden sich jedoch nur mehr große Schiregionen leisten können. Kleinere Schigebiete werden diese Ausgaben nicht mehr finanzieren können und dadurch einen Wettbewerbsnachteil erleiden.

Künftige Strategien zur Angebotsgestaltung des Wintertourismus im österreichischen Alpenraum müssen den aktuellen Trends am Tourismussektor Rechnung tragen. Da immer mehr Tages- und Kurzreisen gebucht werden, sind Pauschalangebote für kürzere Zeiträume, und nicht wie bisher für 1 Woche, zu konzipieren. Bestehende Onlineportale für Buchungen müssen stets auf dem aktuellsten Stand gehalten werden. Damit soll vermieden werden, dass Unterkünfte angeführt werden, die nicht mehr verfügbar sind oder nicht für die gewünschte Aufenthaltsdauer zur Verfügung stehen. Beherbergungsbetriebe niedriger Kategorien sollten ihre Qualität zumindest den heutigen Verhältnissen anpassen, um im Wettbewerb bestehen zu können. Angebote für die wachsende Zielgruppe der SeniorInnen bedürfen einer Überarbeitung bzw. Neuentwicklung. Die „jungen Alten" haben andere Ansprüche als die Generation zuvor.

Bezüglich der Umweltauswirkungen des Wintertourismus stellt der Reiseverkehr das größte Problem dar. Nur mithilfe eines großflächigen Ausbaus und einer umfassenden Förderung können die UrlauberInnen zum Umstieg auf öffentliche Verkehrsmittel bewegt werden. Die Konzentration auf jene Schigebiete, in denen langfristig Schneetourismus möglich ist, bewirkt einen nochmaligen Anstieg der Verkehrsbelastung vor Ort. Durch vorausschauende Verkehrskonzepte sollen rechtzeitig Maßnahmen gegen einen Verkehrsinfarkt und für eine sanfte Mobilität geplant werden. In diesem Zusammenhang sind vor allem Raumplanung und Verkehrspolitik gefordert. Die hohen CO_2-Emissionen der Beherbergungs- und Gastronomiebetriebe sollen durch umfassende Informationen und Beratung über Energieeinsparungen reduziert werden.

Der Bau von neuen Kunstschneeanlagen sowie Schipisten muss von objektiven Gremien kritisch hinterfragt werden. Geeignete Instrumente für eine Beurteilung sind die Umweltverträglichkeitsprüfung sowie die Alpenkonvention, welche jedoch nur nach einer Verschärfung der aktuellen Bestimmungen eine wirkliche Handhabe darstellt. Der Einsatz von Beschneiungsanlagen soll überdies durch energieeffizientere Geräte weniger Strom- und Wasserverbrauch verursachen. Aber auch die langfristige Wirtschaftlichkeit derartiger Projekte, insbesondere bezüglich Schneesicherheit, muss genauestens erörtert werden. Die ungehemmte Erschließung höher gelegener Gebiete für den Schibetrieb kann durch Maßnahmen der Raumplanung sowie der Festlegung von Schutzgebieten vermieden werden.

Der zu erwartende Anstieg an potenziellen Naturgefahren kann ebenso durch geänderte Gefahren- und Raumordnungspläne abgefedert werden. Durch das Abschmelzen von Permafrost und Gletscher gefährdete Fundamente bedürfen einer regelmäßigen Überprüfung um im Ernstfall sofort Sicherungsmaßnahmen ergreifen zu können. Der Umweltaspekt im österreichischen Alpentourismus kann durch Umweltmanagementsysteme und Umweltgütesiegel mit einheitlichen Kriterien belegt werden. Dies soll zu einer Verbesserung der Umweltauswirkungen führen. Gleichzeitig wird die Umweltfreundlichkeit von Urlaubsangeboten nachvollziehbar und kann somit als Entscheidungsgrundlage für UrlauberInnen dienen.

Die einseitige Abhängigkeit regionaler Wirtschaftssysteme vom Schisport ist überaus riskant und bedarf einer raschen Entwicklung von Alternativen. Regionale Netzwerke sind speziell für kleine Orte überaus wichtig. Nach dem Motto „Gemeinsam ist man stärker" können Synergien aus einer überregionalen Zusammenarbeit genützt werden. Nicht jeder Urlaubsort muss über ein Schwimmbad verfügen. Der Nachteil aus den Steuereinnahmen für Gemeinden ohne eine derartige Freizeiteinrichtung kann durch Teilung der Kommunalsteuer kompensiert werden. Gemeinsame Konzepte für Vermarktung, Verkehr, Kultur, etc. können aus vermeintlichen Nachteilen durchaus Potenzial schlagen. Die zunehmende Sehnsucht nach Ruhe und Beschaulichkeit wird eher in kleineren Urlaubsorten als in großen Tourismuszentren erfüllbar sein.

Das tief verwurzelte Image vom schneereichen Winter in den österreichischen Alpen muss aufgebrochen werden. Ansonsten können die Alternativangebote nicht überzeugend vermarktet werden. Durch innovative Werbekampagnen soll den TouristInnen vermittelt werden, dass ein Winterurlaub in Österreich nicht nur für Schifahren sondern für zahlreiche, nicht minder attraktive Aktivitäten steht. Nach dem Prinzip des „First mover" könnten sich die Tourismusverantwortlichen als Trendsetter gegenüber den anderen alpinen Schiregionen Europas einen Vorsprung verschaffen. Zunächst ist es jedoch zwingend notwendig, generell ein greifbares Image für den heimischen Tourismus zu entwickeln – am Besten in Form einer Dachmarke. Weiters ist die Segmentierung des Tourismus nach Themen und nicht wie bisher nach Saisonen anzustreben. Die Abwanderung der UrlauberInnen in neue Schigebiete im Ausland kann durch die Ansprache neuer Kundengruppen kompensiert werden.

8 Literaturverzeichnis

Monografien und Sammelwerke

Abegg, B. (1996): Klimaänderung und Tourismus. Klimafolgenforschung am Beispiel des Wintertourismus in den Schweizer Alpen. Zürich 1996.

Agrawala, S. (2007): Klimawandel in den Alpen. Anpassung des Wintertourismus und des Naturgefahrenmanagements. Wien 2007.

Arlt, H. (2002): Realität und Virtualität der Berge. Zu neuen Aufgabenstellungen für Kulturwissenschaften im Berg-Tourismus. In: Luger, K./Rest F. (Hrsg.): Der Alpentourismus. Entwicklungspotenziale im Spannungsfeld von Kultur, Ökonomie und Ökologie. Innsbruck 2002. S. 303 – 320.

Artho, S. (1996): Auswirkungen der Überalterung im Tourismus. Alter als Chance für die Reiseveranstalter. Bern 1996.

Bachleitner, R. (2000): Massentourismus und sozialer Wandel. Tourismuseffekte und Tourismusfolgen in Alpenregionen. München 2000.

Bachleitner, R./Weichbold, M.: Immer wieder Alpen? Anfragen zur Nachfrage im Alpentourismus. In: Luger, K./Rest F. (Hrsg.): Der Alpentourismus. Entwicklungspotenziale im Spannungsfeld von Kultur, Ökonomie und Ökologie. Innsbruck 2002. S. 213 – 226.

Baumann, F. (2004): Ökologische Auswirkungen des Wintertourismus in den Alpen. Tübingen 2004.

Baumgartner, C. (1998a): Nachhaltigkeit im Tourismus. In: CIPRA (Hrsg.): (Alpen)Tourismus – wohin? Wien 1998. S. 41 – 53.

Baumgartner, C. (1998b): Neue Aufgaben für alte Akteure: Kommunikation und Kooperation im Alpentourismus. In: CIPRA (Hrsg.): (Alpen)Tourismus – wohin? Wien 1998. S. 97 – 108.

Baumgartner, C. (2000): Evaluierung der Umsetzung des Österreichischen Umweltzeichens für Tourismus. Wien 2000.

Baumgartner, C. (2002a): Best Practise-Modelle in den Alpen. Von Abkürzungen, Irrwegen und Labyrinthen. In: Luger, K./Rest F. (Hrsg.): Der Alpentourismus. Entwicklungspotenziale im Spannungsfeld von Kultur, Ökonomie und Ökologie. Innsbruck 2002. S. 321 – 336.

Baumgartner, C. (2002b): Bewertungssystem für Nachhaltigkeit in Tourismusregionen. In: BMWA (Hrsg.): Ökotourismus in Berggebieten – eine Herausforderung für nachhaltige Entwicklung. Wien 2002. S. 155 – 158.

Baumgartner, C. (2002c): Über Ökotourismus. In: BMWA (Hrsg.): Ökotourismus in Berggebieten – eine Herausforderung für nachhaltige Entwicklung. Wien 2002. S. 12 – 22.

Baumgartner, C. (2006): Lokale Anpassungsstrategien der Tourismuswirtschaft an den Klimawandel. Bad Hindelang 2006.

Bätzing, W. (2002): Der Stellenwert des Tourismus in den Alpen und seine Bedeutung für eine nachhaltige Entwicklung des Alpenraumes. In: Luger, K./Rest F. (Hrsg.): Der Alpentourismus. Entwicklungspotenziale im Spannungsfeld von Kultur, Ökonomie und Ökologie. Innsbruck 2002. S. 175 – 196.

Bauernberger, L. (2002): Neue Wege im Tourismusmarketing. In: Luger, K./Rest F. (Hrsg.): Der Alpentourismus. Entwicklungspotenziale im Spannungsfeld von Kultur, Ökonomie und Ökologie. Innsbruck 2002. S. 423 – 442.

Behm, M. (2006): Auswirkungen der Klima- und Gletscheränderung auf den Alpinismus. Wien 2006.

BMLFUW (2006a): Umweltfreundlich Reisen in Europa. Herausforderungen und Innovationen für Umwelt, Verkehr und Tourismus. Wien 2006.

BMLFUW (2006b): Leitfaden UVP für Schigebiete. Umweltverträglichkeitsprüfung. Einzelfallprüfung. Wien 2006.

BMVIT (2007): Statistik Straße & Verkehr. Jänner 2007. Wien 2007.

BMVIT (2002): Verkehr in Zahlen. Wien 2002.

BMWA (2000): Nachhaltigkeit im österreichischen Tourismus. Wien 2000.

BMWA (2007): Lagebericht 2006. Bericht über die Lage der Tourismus- und Freizeitwirtschaft in Österreich 2006. Wien 2007.

Brandner, B. (1995): Skitourismus. Chur 1995.

Breiling, M. (1993): Klimaveränderung, Wintertourismus und Umwelt. Wien 1993.

Breiling, M. (1997): Klimasensibilität österreichischer Bezirke mit besonderer Berücksichtigung des Wintertourismus. Alnarp 1997.

Buchert, M. (2001): Last minute für den Umweltschutz – Perspektiven für die Zukunft des Reisens. Freiburg 2001.

Dantine, W. (2002): Alpenkulisse oder lebendiges Angebot? Notizen zum Alpenkongress. In: Luger, K./Rest F. (Hrsg.): Der Alpentourismus. Entwicklungspotenziale im Spannungsfeld von Kultur, Ökonomie und Ökologie. Innsbruck 2002. S. 261 – 268.

Deutsche Sporthochschule Köln (2005): Nachhaltige Entwicklung des Schneesports und des Wintersporttourismus in Baden-Württemberg. Köln 2005.

Feilmayr, W. (o.J.): Exkurs: Sanfter Tourismus. Wien o.J.

Greenpeace Deutschland (2006): Alarm für die Gletscher. Erderwärmung lässt ewiges Eis im Rekordtempo schmelzen. Zeit zum Handeln! Hamburg 2006.

Gruber, B. (2002): Faszination Erlebniswelt. Pro und contra der touristischen Muntermacher. In: Luger, K./Rest F. (Hrsg.): Der Alpentourismus. Entwicklungspotenziale im Spannungsfeld von Kultur, Ökonomie und Ökologie. Innsbruck 2002. S. 443 – 464.

Haimayer (2003): Trends im Tourismus. Innsbruck 2003.

Hämmerle, K. (1998): Tourismus & Energie. Dornbirn 1998.

Haßlacher, P. (2000): Die Alpenkonvention. Innsbruck 2000.

Hillel, O. (2002): Ökotourismus als Instrument für nachhaltige Entwicklung. Trends und Herausforderungen. In: BMWA (Hrsg.): Ökotourismus in Berggebieten – eine Herausforderung für nachhaltige Entwicklung. Wien 2002. S. 37 – 42.

Hoffmann, R. (2002): Die touristische Erschließung des Salzburger Gebirgslandes im 19. und frühen 20. Jahrhundert. In: Luger, K./Rest F. (Hrsg.): Der Alpentourismus. Entwicklungspotenziale im Spannungsfeld von Kultur, Ökonomie und Ökologie. Innsbruck 2002. S. 67 – 86.

Humer, J. (2007): Wege zu einem Tourismus mit Zukunft. Umweltzeichen und sanfte Mobilität im Tourismus. Linz 2007.

Iwersen-Sioltsidis, S./Iwersen, A. (1997): Tourismuslehre. Eine Einführung. Bern 1997.

Jain, A. (2005): Beurteilung der Nachhaltigkeit von Freizeitverkehrsangeboten. Berlin 2005.

Jelinek, R. (2004): Mafo-News 23/04. Berge bewegen – Sport und Jugend in der alpinen Natur. Linz 2004.

Jelinek, R. (2006a): Mafo-News 07/06. Welche Trends werden den Tourismus der Zukunft prägen? „Die jungen Alten". Linz 2006.

Jelinek, R. (2006b): Mafo-News 05/06. Umweltfreundlich Reisen. Europäische Fachkonferenz, 30. und 31. Jänner 2006, Hofburg Wien. Linz 2006.

Jelinek, R. (2006c): Mafo-News 10/06. Welche Trends werden den Tourismus der Zukunft prägen? „Gesundheit". Linz 2006.

Jelinek, R. (2006d): Welche Trends werden die Freizeitwirtschaft in Zukunft prägen? Die Auswirkungen auf den Kulturtourismus. Linz 2006.

Katzmann, K. (2007): Schwarzbuch Wasser. Wien 2007.

Kirstges, T. (1995): Sanfter Tourismus. Chancen und Probleme der Realisierung eines ökologieorientierten und sozialverträglichen Tourismus durch deutsche Reiseveranstalter. 2. Aufl. München 1995.

Kromp-Kolb, H./Formayer, H. (2001): Klimaänderung und mögliche Auswirkungen auf den Wintertourismus in Salzburg. Wien 2001.

Kromp-Kolb, H./Formayer, H. (2005): Schwarzbuch Klimawandel. Salzburg 2005.

Kuhn, S. (1998): Handbuch Lokale Agenda 21. Bonn 1998.

Loew, T./Clausen, C. (2005): EMAS im Sinkflug. München 2005.

Luger, K./Rest, F. (2002): Der Alpentourismus: Konturen einer kulturell konstruierten Sehnsuchtslandschaft. In: Luger, K./Rest F. (Hrsg.): Der Alpentourismus. Entwicklungspotenziale im Spannungsfeld von Kultur, Ökonomie und Ökologie. Innsbruck 2002. S. 11 – 47.

Lorch, J. (1995): Trendsportarten in den Alpen. Vaduz 1995.

Mayer, E. (1998): Die Alpen im Treibhaus. Auswirkungen des Klimawandels auf die Alpen. Wien 1998.

Mayer, E. (2000): Klimawandel und Lawinen. Risiken und Trends im Alpenraum. Wien 2000.

Meier, R. (2002): Strategien für einen nachhaltigen Freizeit- und Tourismusverkehr. In: Luger, K./Rest F. (Hrsg.): Der Alpentourismus. Entwicklungspotenziale im Spannungsfeld von Kultur, Ökonomie und Ökologie. Innsbruck 2002. S. 357 – 388.

Mettler, S. (2002): Die sanft-mobile Welt oder Wie „Sanfte Mobilität" verinnerlicht wird. In: BMWA (Hrsg.): Ökotourismus in Berggebieten – eine Herausforderung für nachhaltige Entwicklung. Wien 2002. S. 132 – 133.

Michl, P. (2005a): T-MONA. Winterurlauber in Österreich. Winter 2004/2005. Wien 2005.

Michl, P. (2005b): T-MONA. Schneeschuhwanderer. Wien 2005.

Michl, P. (2006a): Best ager auf Winterurlaub in Österreich. T-MONA 2005. Wien 2006.

Michl, P. (2006b): T-MONA. Urlauber in Österreich. Sommer 2006. Wien 2006.

Müller, H. (2002): Qualitätsmanagement in alpinen Destinationen. In: Luger, K./Rest F. (Hrsg.): Der Alpentourismus. Entwicklungspotenziale im Spannungsfeld von Kultur, Ökonomie und Ökologie. Innsbruck 2002. S. 511 – 527.

Müller, H. (2003): Tourismus und Ökologie. Wechselwirkungen und Handlungsfelder. München 2003.

Müller, H. (2004): Qualitätsorientiertes Tourismusmanagement. Bern 2004.

Naturfreunde Österreich (2004): Auf jeden kommt es an: Klimaschutz jetzt! Wien 2004.

OGM (2005): Weißbuch Tourismus Kärnten. Endbericht. Entwicklungsplan für Tourismus und Freizeit 2005-2015. Wien 2005.

Österreichischer Alpenverein (2005): Bedrohte Alpengletscher. Innsbruck 2005.

Pommerenk, R. (1998): Sanfter Tourismus. Worms 1998.

Price, M. (2002): Perspektiven des Mountain Forum. In: BMWA (Hrsg.): Ökotourismus in Berggebieten – eine Herausforderung für nachhaltige Entwicklung. Wien 2002. S. 48 – 52.

Pröbstl, U. (2006): Tourismus – Herausforderungen der Zukunft. Wien 2006.

Schmeiss, M. (2000): Beitrag zur nachhaltigen Raumentwicklung. Linz 2000.

Siegrist, D. (2002a): Die Alpenkonvention – ein geeignetes Instrument für die nachhaltige Tourismusentwicklung in den Alpen? In: BMWA (Hrsg.): Ökotourismus in Berggebieten – eine Herausforderung für nachhaltige Entwicklung. Wien 2002. S. 137 – 139.

Siegrist, D. (2002b): Das Tourismusprotokoll der Alpenkonvention. Zugpferd für eine integrative Tourismusentwicklung im Alpenraum. In: Luger, K./Rest F. (Hrsg.): Der Alpentourismus. Entwicklungspotenziale im Spannungsfeld von Kultur, Ökonomie und Ökologie. Innsbruck 2002. S. 337 – 356.

Smeral, E.: Wirtschaftliche Rolle des Tourismus in den Alpen. Maßnahmen zur Verbesserung der Wettbewerbsposition. In: CIPRA (Hrsg.): Alpentourismus. Ökonomische Qualität. Ökologische Qualität. Schaan 2000. S. 49 - 58.

Statistik Austria (2007): Statistisches Jahrbuch 2007. Wien 2007.

Tappeiner, U./Cernusca, A./Pröbstl, U. (1998): Die Umweltverträglichkeitsprüfung im Alpenraum. Berlin 1998.

Tschurtschenthaler, P. (2000): Die touristische Wertschöpfung als Indikator zur Beurteilung der ökonomischen Bedeutung des Tourismus. In: CIPRA (Hrsg.): Alpentourismus. Ökonomische Qualität. Ökologische Qualität. Schaan 2000. S. 61 – 64.

Umweltbundesamt (2006): UVP-Evaluation. Evaluation der Umweltverträglichkeitsprüfung in Österreich. Wien 2006.

Wicki, B. (1998): Hotelzertifizierung des Verein Ökomarkt Graubünden. In: CIPRA (Hrsg.): (Alpen)Tourismus – wohin? Wien 1998. S. 121 – 127.

Wöhler, K. (2002): Die alten Alpen? Nachhaltigkeit und bewahrender Fortschritt. In: Luger, K./Rest F. (Hrsg.): Der Alpentourismus. Entwicklungspotenziale im Spannungsfeld von Kultur, Ökonomie und Ökologie. Innsbruck 2002. S. 303 - 319.

Wuppertal Institut für Klima, Umwelt, Energie (2006): Klimawirksame Emissionen des PKW-Verkehrs und Bewertung von Minderungsstrategien. Wuppertal 2006.

Yunis, E. (2002): Welches ist der Ansatz für Ökotourismus? (die WTO Perspektive). In: BMWA (Hrsg.): Ökotourismus in Berggebieten – eine Herausforderung für nachhaltige Entwicklung. Wien 2002. S. 43 – 47.

Zeitschriftenaufsätze

Blazek, P. (2006): Schifahren: teurer Volkssport. In: Konsument, 2006, Nr. 12, o.S.

Büller, V. (2005): Von der Straße auf die Schiene. In: Umwelt, 2005, Nr. 1, S. 25 – 27.

Braun, A. / Dörge, F.-W. (1995): Sanfter Tourismus und/oder wirtschaftlicher Gewinn. In: Gegenwartskunde, 1995, Nr. 4, S. 523 - 532.

Favry, E. (2007): Wissen umsetzen – lokale Potenziale ausschöpfen. In: CIPRA INFO, 2007, Nr. 82, S. 26 - 30.

Frey, T. (2006): Der Klimawandel findet statt. In: CIPRA INFO, 2006, Nr. 80, S. 4- 5.

Gerbaux, F. (2006): Wie kann der Skitourismus nachhaltiger gestaltet werden? In: CIPRA INFO, 2006, Nr. 81, S. 14.

Holzer, V. (2006): Blick hinter die Kulissen der alpinen Skigebiete. Umweltfreundlich Reisen in den Alpen. In: CIPRA INFO, 2006, Nr. 81, S. 9.

Huber, H. (1999): Kunstschnee. Angriff der Bakterien? In: Echo, 1999, Nr. 9, S. 80 – 81.

Nagiller, A. (2007): Über 60: Na und? Mit 66 Jahren. In: Weekend Magazin, 2007, Nr. 20, S. 17 – 19.

Nauser, M. (2002): Bedrohliches Tauwetter in den Alpen. In: Umwelt, 2002, Nr. 1, S. 24 – 27.

Neuhäuser, V. (2006): Klima – Raum – Planung. In: CIPRA INFO, 2006, Nr. 80, S. 6.

o.V. (2001): Klimawandel und Alpen. In: CIPRA INFO, 2001, Nr. 61, S. 4 - 5.

o.V. (2001): Wintertourismus ade? In: CIPRA INFO, 2001, Nr. 61, S. 7.

o.V. (2002): Der Ansatz von „Allianz in den Alpen". In: CIPRA INFO, 2002, Nr. 66, S. 6.

o.V. (2006): Künstliche Beschneiung und ihre Folgen. Mit Schneekanonen gegen die Klimaerwärmung. In: CIPRA INFO, 2006, Nr. 81, S. 7.

o.V. (2006): Ein Pflästerli für die Gletscher. In: CIPRA INFO, 2006, Nr. 81, S. 8.

o.V. (2006): Fallbeispiel Schwarze Liste. Lötschental – Absurde Gletschererschließung. In: CIPRA INFO, 2006, Nr. 81, S. 15.

o.V. (2006): Alpenkonvention: Konkrete Massnahmen für das Klima. In: CIPRA INFO, 2006, Nr. 81, S. 18 - 19.

o.V. (2006): Werfenweng: Erfolg mit „autofreiem Tourismus". In: Fahrgast-Zeitung, 2006, Nr. 3, S. 14.

o.V. (2007): Steiniger Weg zum nachhaltigen Alpentourismus. In: CIPRA INFO, 2007, Nr. 83, S. 4 – 6.

Popp, D. (2007): Lebenskultur aktiv erleben. Tourismus ist Zukunft. In: CIPRA INFO, 2007, Nr. 83, S. 9 – 11.

Polaczek, H. (2002): Fit für alle Jahreszeiten. In: FM, 2002, Nr. 3, o.S.

Pröbstl, U. (2003): Zwoa Brettln, a g'führiger Schnee... Auswirkungen von Beschneiungsanlagen im Alpenraum. In: Natur und Land, 2003, Nr. 1/2, 2003. S. 15 – 18.

Ranetzky, R. (2006): Ab durch die Reisemitte. In: Faktum, 2006, Nr. 12, o.S.

Ranetzky, R. (2005): Auf die Schnelle. In: Faktum, 2005, Nr. 12, o.S.

Sailer, R. (2005): Ski-Kanonen gegen den Klimawandel. In: Forum Gesundheit, 2005, Nr. 5, S. 8 – 9.

Sauer, B. (2007): Schnee gesucht. In: ff Südtiroler Wochenmagazin, 2007, Nr. 1, S. 34 – 39.

Steinmann, H. C. (2003): Schneekanonen: Aufrüstung in den Alpen. In: Umweltschutz, 2003, Nr. 11, S. 12 – 16.

Thibault, H. (2006): Das weisse Gold – die Suche nach neuen Schneevorkommen. In: CIPRA INFO, 2006, Nr. 81, S. 13.

Zeitungsartikel

Bayer, Heinz (2005): Einkaufstour in den Alpen. Salzburger Nachrichten, 03.10.2005, o.S.

Bayer, Heinz (2007): ÖAV will Snomax-Prüfung. Salzburger Nachrichten, 12.01.2007, o.S.

Benedikt, Robert (2007): Wahl-Kitzbühelern droht Zweitwohnsitz-Abgabe, Die Presse (Wien), 07.07.2007, o.S.

Haas, Karin (2007): Investoren küssen Salzkammergut wach. Oberösterreichische Nachrichten (Linz), 15.09.2007, S. 17.

Koch, Klaus C. (2007): Da muss man durch. Süddeutsche Zeitung (München), 09.06.2007, o.S.

Lagler, Claudia (2006): Klimawandel: Stahlanker müssen Gipfel des Sonnblicks sichern. Die Presse (Wien), 11.08.2006, o.S.

Lehner, Josef (2007): Der Milliardenmarkt Skisport droht seinen Nachwuchs zu verlieren. Oberösterreichische Nachrichten (Linz), 08.10.2007, S. 7.

Luef, Wolfgang (2006): Zu grün, um wahr zu sein. Die Zeit (Hamburg), 30.11.2006, o.S.

Metzger, Sabine (2007): Genießen wir die Perlen. Oberösterreichische Nachrichten (Linz), 09.06.2007, o.S.

o.V. (2007): Snomax. Allergische Reaktion. Salzburger Nachrichten, 18.01.2007, o.S.

o.V. (2007): Wintertourismus ohne Schnee? Oberösterreichische Nachrichten (Linz), 28.03.2007, o.S.

o.V. (2007): Spartenkonferenz: Kammerreform und Berichte aus den Sparten. NÖWI (St. Pölten), 30.03.2007, S. 24.

o.V. (2007): Umweltferien ohne Auto. Südtiroler Wirtschaftszeitung (Bozen), 06.04.2007, S. 21.

o.V. (2007): Wintertourismus blieb auch ohne Schnee auf Erfolgskurs. Oberösterreichische Nachrichten (Linz), 31.03.2007, S. 10.

o.V. (2007): Schneearmer Winter bremste Geschäft der Sportartikelbranche. Oberösterreichische Nachrichten (Linz), 31.03.2007, S. 12.

o.V. (2007): Verzweifelter Kampf gegen Gletscherschwund. Ein Schutzmantel für die Zugspitze. Oberösterreichische Nachrichten (Linz), 26.05.2007, S. 4.

o.V. (2007): Tourismus: „Wir sind träge geworden". Oberösterreichische Nachrichten (Linz), 04.06.2007, S. 4.

o.V. (2007): Bis 2050 wird es heißer und mehr Sommertage geben. Oberösterreichische Nachrichten (Linz), 23.06.2007, S. 37.

o.V. (2007): Studie: MöSt-Erhöhung wirkt sich in erster Linie auf die Volkswirtschaft aus. Kaum Auswirkungen auf die Umwelt. Oberösterreichische Nachrichten (Linz), 28.06.2007, S. 9.

o.V. (2007): Schon 2050 könnten die Gletscher aus den Alpen verschwunden sein. Oberösterreichische Nachrichten (Linz), 04.07.2007, S. 8.

o.V. (2007): Schneekanonen machen Schipässe wieder teurer. Oberösterreichische Nachrichten (Linz), 27.09.2007, S. 12.

o.V. (2007): 160 Millionen für Katastrophenschutz. Oberösterreichische Nachrichten (Linz), 21.04.2007, S. 38.

Ritzinger, Alexander (2007): Aggressiver Tourismus. Oberösterreichische Nachrichten (Linz), 13.10.2007, Reiselust S. 3.

Schuhmann, Clemens (2007): „Tourismus braucht eine echte Dachmarke". Oberösterreichische Nachrichten (Linz), 20.06.2007, S. 10.

Schuhmann, Clemens (2007): Österreichs Reiseveranstalter haben Onlinegeschäft verschlafen. Oberösterreichische Nachrichten (Linz), 28.07.2007, S. 13.

Schuhmann, Clemens (2007): Tourismus: Sommerurlaub in Österreich feiert ein Comeback. Oberösterreichische Nachrichten (Linz), 01.08.2007, S. 11.

Schuhmann, Clemens (2007): Gesundheitstourismus: Jede dritte Nächtigung entfällt auf einen Kurort. Oberösterreichische Nachrichten (Linz), 30.10.2007, S. 13.

Rechtsquellen

ÖWAV (2007): ÖWAV-Regelblatt 210. Beschneiungsanlagen. 2. Aufl. Wien 2007.

Internetquellen

Alpine Pearls (2007): http://www.alpine-pearls.com/alpine_pearls/live/ap_navi/ powerslave,id,60,nodeid,60,_language,de, Zugriff am 18.12.2007.

Alps Mobility (o.J.): Alps Mobility I. http://www.alpsmobility.net, Zugriff am 18.12.2007.

Alps Mobility (o.J.): Alps Mobility II. http://www.alpsmobility.net, Zugriff am 18.12.2007.

Auer, I. (o.J.): The Instrumental Period in the Greater Alpine Region. http://www.zamg.ac.at/alp-imp/downloads/session_auer.pdf, Zugriff am 04.06.2007.

BAFU (2006): Wald, Holz und CO2. http://www.bafu.admin.ch/wald/01198/01209/ index.html?lang=de, Zugriff am 12.07.2007.

Basler, E. (2007): Presseinformation. Factsheet – Entwicklung der Seilbahnen Österreichs. http://www.seilbahnen.at/presse/basisinformationen/files/0705-factsheet.pdf, Zugriff am 24.04.2007.

Bauer, A./ Roth, J. (2004): Auf der Alm, da gibt's viel Pfründ'. http://www.extradienst.at/ jaos/page/main_archiv_content.tmpl?ausgabe_id=76&article_id=14154, Zugriff am 14.05.2007.

BfN (o.J.): Definition Nachhaltiger Tourismus. http://www.bfn.de/ 0323_iye_nachhaltig.html, Zugriff am 20.02.2007.

BMLFUW (2007): Klimaschutz. http://www.wochedeswaldes.at/article/archive/18517, Zugriff am 12.07.2007.

BMLFUW (2006): Umweltverträglichkeitsprüfung – Die wichtigsten Änderungen durch die Novelle 2005. http://www.lebensministerium.at/article/articleview/27817/1/7237, Zugriff am 03.05.2007.

BOKU (o.J.): Ökotourismus. Sanfter Tourismus. Tourismus und Nachhaltige Entwicklung. http://www.rali.boku.ac.at/fileadmin/_/H855-raumplanung/materialien/ touristische_rpl/organisation05.ppt, S. 6, Zugriff am 20.02.2007.

Bratrich, C. (2007): Pläne zum Ausbau der Donau außer Balance. http://www.wwf.at/de/menu27/artikel405/?start=60, Zugriff am 01.04.2008.

Dywidag-Systems International (2005): Einsatz von DYWIDAG-Litzendauerankern im Permafrost – Großglockner in 3.454 m Höhe. http://www.dywidag-systems.at/ Referenzen/pdf/DSI_Markets_grossglockner.pdf, Zugriff am 01.08.2007.

EUCC Deutschland (2005): Definition der Begriffe Küste und Meeres- und Küstentourismus. http://www.eucc-d.de/plugins/ikzmdviewer/inhalt.php?page=49,1494, Zugriff am 07.05.2007.

Fischer, M. (2005): „Auffi muaß i!". Seilbahn-Wettrüsten in den Bergen. http://db.swr.de/ upload/manuskriptdienst/wissen/wi20051108_3402.rtf, Zugriff am 21.08.2007.

Freund, R. (2007): Die langen Wellen der wirtschaftlichen und gesellschaftlichen Entwicklung (Kondratieff-Zyklen). http://www.robertfreund.de/strukturwandel/ kondratieffzyklen.htm, Zugriff am 24.04.2007.

Global 2000 (2003): Sanfter Tourismus: Hoffnungsschimmer für Klima und Umwelt. http://www.global2000.at/pages/gnews03_1kl1.htm, Zugriff am 20.02.2007.

Grabher, R. (2006): Wintertourismus in Salzburg. Eine Branche bestimmt eine Region. http://oe1.orf.at/highlights/52455.html, Zugriff am 26.02.2007.

Grabler, K./Rainer, M. (2007): Wirtschaftsbericht der Seilbahnen. Tourismusjahr 2005. http://www.seilbahnen.at/presse/wirtschaftsdaten/files/2004_05-bericht-seilbahnen.pdf, Zugriff am 02.07.2007

Gratzer, M. (2006): Win. Win. Winter. http://www.austriatourism.com/scms/media.php/ 8998/Entwicklungen%20im%20Wintertourismus%201995-2005.pdf, Zugriff am 21.08.2007.

Heissenberger, A. (2007): Winter ade? http://www.report.at/artikel.asp? mid=4&kid=1&aid=11456, Zugriff am 26.02.2007.

Land Salzburg (2007): Schutzwald sichert den Lebensraum. http://www.salzburg.gv.at/ themen/lf/forstwirtschaft/schutzwald/schutzwaldverbesserung.htm, Zugriff am 01.08.2007.

Laimer, P./Weiß, J. (2006): Wintertourismus in Österreich. Portfolio-Analyse unter besonderer Berücksichtigung der Steiermark. http://www.statistik.at, Zugriff am 19.04.2007.

Mobilito (o.J.): e5. Programm für energieeffiziente Gemeinden. http://www.salzburg.gv.at/en/praesentation_werfenweng.pdf, Zugriff am 17.12.2007.

Nötzli, J./Gruber, S./Hölzle, M. (o.J.): Permafrost und Felsstürze im Hitzesommer 2003. http://www.geo.unizh.ch/~jnoetzli/downloads/geoforum20_noetzli.pdf, Zugriff am 31.07.2007.

o.V. (o.J.): Die Zukunft greifbar machen. http://www.schule.at/dl/Gaestetypen.doc, Zugriff am 19.04.2007.

o.V. (o.J.): Entwicklung des Tourismus in Werfenweng. http://www.geo.sbg.ac.at/Staff/weingartner/Pro_Tourismus/tourismus.htm, Zugriff am 20.02.2007.

o.V. (o.J.): Österreich: Einfluss des Wintertourismus auf den Klimawandel. http://www.seilbahn.net/wirtschaft/newsline/oesterreich11.htm, Zugriff am 26.02.2007.

o.V. (o.J.): Über Allianz in den Alpen. http://www.alpenallianz.org/de/ueber-allianz-in-den-alpen, Zugriff am 09.10.2007.

o.V. (2001): Sanfter Tourismus. http://www.umweltlexikon-online.de/fp/archiv/RUBsonstiges/SanfterTourismus.php, Zugriff am 20.02.2007.

o.V. (2001): Winterurlaubsland Nr. 1. Unsere Wintersportler sind wichtige Imageträger für Österreich. http://www.bmwa.gv.at/BMWA/Presse/Archiv2001/5E99D075D98A0BA841256B170049FE75.htm, Zugriff am 14.05.2007.

o.V. (2005): Wenn mit dem Guten das Geschäft gemeint ist. http://www.onlinereports.ch/Archiv/Seitenwechsel/Seitenwechsel_2005_09.htm, Zugriff am 12.07.2007.

o.V. (2006): Tourismusanalyse: Wintersaison 2005/06. http://www.bmwa.gv.at/NR/rdonlyres/789AB842-0E39-409F-91B6-53771422837C/24632/TourismusanalyseTabellen.pdf, Zugriff am 27.02.2007.

o.V. (2008): solarCity Pichling – Das Projekt. http://www.linz.at/leben/4701.asp, Zugriff am 02.04.2008.

Oberascher, A. (2003): Die Zukunft des Städtetourismus.
   http://www.austriatourism.com/scms/media.php/8998/Die%20Zukunft%20des%20St
   %C3%A4dtetourismus.pdf, Zugriff am 30.04.2007.

ON (2005): 13 Bergbauern mit ISO 14001-Zertifikat. http://www.on-norm.at/publish/
   1676.html, Zugriff am 20.02.2007.

ORF (2007): Gute Buchungslage. http://kaernten.orf.at/stories/207346/, Zugriff am
   27.08.2007.

ORF Oberösterreich (2007): Klimawandel: Harte Zeiten für den Schutzwald.
   http://ooe.orf.at/stories/167348/, Zugriff am 01.08.2007.

ÖHV (2005): Weg von der touristischen Monokultur. http://www.oehv.at/
   ?seIDM=45GUVI73-S67Y-J1Q5-7Y0B-QTWMFI504EXR&sel DA=S55XD49J-D9F8-
   VNGH-9RYE-ITDXAZPAB90P, Zugriff am 14.05.2007.

Österreich Werbung (2006): Die Zukunft des Städtetourismus.
   http://www.austriatourism.com/xxl/_site/int-de/_area/465219/_subArea/
   465253/_id/484401/trends.html, Zugriff am 19.04.2007.

Österreich Werbung (2006): Die Zukunft des Sommertourismus.
   http://www.austriatourism.com/xxl/_site/int-de/_area/465219/_subArea/
   465253/_id/484421/trends.html, Zugriff am 19.04.2007.

Österreich Werbung (2006): Nationenmix 2005/06. http://www.austriatourism.com/
   scms/media.php/8998/Nationenmix%20Winter%202005_2006.pdf, Zugriff am
   30.04.2007.

Österreich Werbung (2006): Ranking der nächtigungsstärksten Gemeinden.
   http://www.austriatourism.com/scms/media.php/8998/Ortereihung%20Winter%2020
   05-06.pdf, Zugriff am 30.04.2007.

Österreich Werbung (2007): Tourismus in Österreich 2006.
http://www.austriatourism.com/scms/media.php/8998/Fact%20Sheet%202006.pdf,
Zugriff am 02.07.2007.

Österreich Werbung (2007): Sommersaison 2007 mit Rekordergebnissen.
http://www.austriatourism.com/xxl/_site/int-de/_area/465219/_subArea/
465247/_id/825948/tourismusforschung.html, Zugriff am 11.12.2007.

Österreichische Seilbahnen (2007): Zufriedene Wintersportler trotz schneearmen
Winter. http://www.seilbahnen.at/presse/presseaussendungen/pr/2007-04-
18_kundenzufriedenheitws07, Zugriff am 30.07.2007.

Österreichischer Alpenverein (o.J.): Beschneiung in Österreich.
http://www.alpenverein.at/naturschutz/Alpine_Raumordnung/Beschneiung/index.sht
ml?navid=6, Zugriff am 31.07.2007.

Popa, P. (2007): Skitourismus in Bulgarien. http://www.isr.at/index.cfm/id/20920, Zu-
griff am 30.07.2007.

Ribing, R. (2007): Tourismus im Wandel. Neue Einstellungen prägen Freizeitkultur
der Zukunft. http://portal.wko.at/wk/format_detail.wk?
AngID=1&StID=316590&DstID=252, Zugriff am 23.04.2007.

Schafflinger, F. (o.J.): Skiverbünde - Sirenengesang der reinen Größe?
http://www.seilbahn.net/index.htm?aktuell/skiverbuende.htm, Zugriff am
21.08.2007.

Schnakenburg, P.v. (o.J.): Pistenökologie und Bergwaldproblematik.
http://www.geographie.uni-stuttgart.de/exkursionsseiten/graubuenden/
pistenoekologie.html, Zugriff am 12.07.2007.

Statistik Austria (2006): Bevölkerungsstand. http://www.statistik.at/fachbereich_03/
bevoelkerung_tab1.shtml, Zugriff am 19.04.2007.

Statistik Austria (2006): Ein Tourismus-Satellitenkonto für Österreich 2005. http://www.statistik.at/fachbereich_tourismus/tsa.shtml, Zugriff am 19.04.2007.

Statistik Austria (2007): http://www.statistik.at/fachbereich_tourismus/tab2.shtml, Zugriff am 19.04.2007.

Statistik Austria (2007): Leichter Anstieg der Übernachtungen im Kalenderjahr 2006, Trend zum Qualitätstourismus besteht weiterhin. http://www.statistik.at/ fachbereich_tourismus/txt.shtml, Zugriff am 19.04.2007.

Statistik Austria (2007): Urlaubs- und Geschäftsreisen, Quartalserhebungen 2006. http://www.statistik.at/fachbereich_tourismus/txt2.shtml, Zugriff am 19.04.2007.

Tiscover (2007): Abenteuer Tourengehen. http://homes.tiscover.at/project/ themen/thema_archiv...1.html?_blid=&_rub=55298&_%20thema= 55281&_thues=55285, Zugriff am 09.11.2007.

TMC (2006): Was die Wissenschaft zum Nischenmarkt „Wellness" sagt. http://tmc.suedtirol.org/was-die-wissenschaft-zum-nischenmarkt-wellness-sagt-2.html, Zugriff am 26.02.2007.

Tourismusverband Werfenweng (2007): Sternstunden für den Klimaschutz. http://www.werfenweng.org/show_berichtdetail.php?ber_id=1515&fpid=318, Zugriff am 17.12.2007.

TUI (o.J.): Nachhaltige Entwicklung. Zertifiziertes Umweltmanagement. http://www.tui-group.com/de/nachhaltigkeit/umwelt/kon_u_sys/zert_umwelt.html, Zugriff am 11.10.2007.

Uherek, E. (2006): Kontext: Tourismus in Europa und in der Welt. http://www.atmosphere.mpg.de/enid/444852407fc57fca88974e98359756ea,0/ Nr_9_Juli__6_Luftverkehr/C__Tourismus_5s3.html, Zugriff am 07.05.2007.

Umweltbundesamt (2007): Klimafolgen und Anpassung im Bereich Tourismus. http://osiris.uba.de/gisudienste/Kompass/fachinformationen/tourismus.htm, Zugriff am 26.02.2007.

UNESCO (o.J): Dimensions of sustainable development. http://www.unesco.org/ education/tlsf/TLSF/theme_a/mod02/uncom02t02.htm, Zugriff am 27.07.2007.

VCÖ (o.J.): Rahmenbedingungen für Bahn in der Schweiz besser als in Österreich. http://www.bahnfakten.at/index.php?content=bahnfakten&fakt_id=51, Zugriff am 27.09.2007.

Wien Energie (2005): Energiespartipps. http://www.wienenergie.at/WienerStadtWerke/ DOWNLOAD/energiespartipps.pdf, Zugriff am 30.10.2007.

Wirtschaftskammer (2003): Personenverkehr auf der Schiene in Österreich 1995 – 2001. http://wko.at/bsv/Internet/perschien.htm, Zugriff am 19.04.2007.

Wirtschaftskammer Oberösterreich (2003): Energiekennzahlen und Einsparpotenziale in der Gastronomie. http://www.wko.at/ooe/energie/Branchen/gastronomie/gast-ges.htm, Zugriff am 13.07.2007.

Wirtschaftskammer Salzburg (o.J.): Energieverbrauch unter zwei Aspekten. http://www.sbg.wk.or.at/tourismus/html/gastrotip.htm#4, Zugriff am 13.07.2007.

WSL (2006): Hintergründe und Problemstellung. CO2-Zunahme in der Atmosphäre. http://www.wsl.ch/dienstleistungen/dossiers/wald_co2/hintergrund/index_DE, Zugriff am 12.07.2007.

Zermatt Bergbahnen (2005): Geschäftsbericht 2004/05. http://bergbahnen.zermatt.ch/ download/pdf/g-bericht-3.pdf, Zugriff am 02.07.2007.

Sonstige Quellen

Telefonat mit Josef Essl, Fachabteilung Raumplanung-Naturschutz, ÖAV, 15.10.2007.